BIONIK

GRUNDRISS

W0336800

VERTIEFUNGEN

ANHANG

GRUNDRISS

1 DER ANALYTISCHE BLICK IN DIE NATUR

Die Idee ist nicht neu. Bereits zu Beginn des 16. Jahrhunderts versuchte Leonardo da Vinci von der belebten Natur zu lernen, um den alten Menschheitstraum vom Fliegen zu verwirklichen. Es sollte jedoch noch einige Jahrhunderte dauern, bis die ersten, ebenfalls naturinspirierten Gleitflieger ihren Konstrukteur Otto Lilienthal (zumindest zunächst) erfolgreich vom Erdboden abheben ließen. Ebenfalls Ende des 19. Jahrhunderts entwickelte der Norweger Cornelius Lie seinen »Mechanischen Lotsenfisch«, dessen Antrieb in Form und Bewegung nach Vorbild der Fischflosse konstruiert war. Auch hier war es zunächst die scheinbar mühelose Fortbewegung der Tiere, die zur Nachahmung anregte. Mit zunehmend verbesserten Analyseverfahren und -möglichkeiten offerierten biologische Systeme und Strukturen zunehmend detaillierte Einsichten in ihre Konstruktionsprinzipien. Diese reichen heute bis in den nanoskopischen Bereich, so etwa bis in die molekulare Struktur membranöser Oberflächen hinein. Molekulare Schalter, DNA-Computer, artifizielle Tunnelproteine nach dem Vorbild der Natur, um nur einige Beispiele zu nennen, scheinen in greifbare Nähe zu rücken.

Dieses Lernen von der belebten Natur ist Gegenstand der relativ jungen Wissenschaftsdisziplin Bionik, im internationalen Sprachgebrauch »Biomimetics«. Ursprünglich zwischen Bio- und Ingenieurwissenschaften angesiedelt, umfasst diese vom interdisziplinären Charakter geprägte anwendungsorientierte Disziplin heute Physik, Mathematik, Informatik, Chemie, Pharmazie, Medizin, Materialwissenschaften, Elektrotechnik, Maschinenbau, Architektur bis hin zu Design und Psychologie. Allen Ausrichtungen gemeinsam ist dabei die Bemühung, die Ergebnisse der biologischen Evolution zu erforschen und die gewonnenen Erkenntnisse in innovative Produkte, Systeme oder Prinzipien zu übertragen.

Ermöglichen neuerdings modernste Messverfahren eine zunehmend detaillierte Charakterisierung natürlicher Materialien bis hin zur Molekularstruktur, so standen am Anfang bionischer Forschungen Struktur- und Konstruktionsanalysen im Vordergrund. Tatsächlich scheinen Gegenüberstellungen aus dem Bereich der Technik und der Biologie neben formalen auch konzeptionelle Analogien aufzuzeigen.

Daraus mag sich der oft geäußerte Wunsch der Ingenieure, natürliche Konstruktionen und Strukturen mögen katalogisiert und nach Funktionen systematisiert werden, erklären. Das hieße jedoch das immense Innovationspotenzial, das die Analyse der belebten Natur offeriert, lediglich zu streifen. Die Kreativität natürlicher Konstruktionen erschöpft sich bei weitem nicht in der Genese der n-fachen Ausführung des gleichen Motivs. »Lernen von der Natur« bedeutet vielmehr die Auseinandersetzung mit den dort realisierten alternativen Lösungskonzepten – auch wenn die zugrunde liegende Frage bzw. Anforderung an das zu analysierende System oder Objekt zunächst meist nicht bekannt ist.

Die Analyse natürlicher Strukturen und Systeme macht deutlich, dass sie, ganz im Gegensatz zu deren technischen Pendants, ausnahmslos multifunktional konstruiert sind. Aufzeigbar an jedem nahezu beliebigen Organismus oder dessen Teilen, imponieren insbesondere diese mehrdimensionalen Funktionsoptionen. Sie ergeben sich aus der Interaktion der Materialien und des daraus realisierten Designs.

Demnach kommt dem verwendeten Werkstoff herausragende Bedeutung zu. Biologische Werkstoffe bestehen aus relativ einfachen Grundsubstanzen. Sie repräsentieren chemisch gesehen eine vergleichsweise geringe Anzahl an Polymeren und keramischen Komponenten. Durch veränderte Synthesebedingungen im Fertigungsprozess bzw. durch Variation singulärer Bestandteile werden variable

Materialcharakteristika generiert. Damit werden hinsichtlich Energie- und Materialaufwand hocheffiziente, funktionsoptimierte Bauteile bzw. Strukturen gebildet.

Auf höher skalierter Ebene zeigen die Analysen, dass sich die physikalische Charakteristik biologischer Organismen meist an der Schnittstelle zwischen Außen- und Innenmedium, an der Oberfläche entscheidet. Hier finden nicht nur Materialtransporte und Informationsaustausch statt: Physikalische Effekte wie Selbstreinigung, Reduktion des Reibungswiderstandes, Minimierung des Brechungsindexes, um nur einige zu nennen, werden durch die Mikrokonfiguration der Oberfläche dominiert. Und in der Tat ist hier der Erkenntnistransfer in den Anwendungsbereichen am weitesten fortgeschritten: Tatsächlich reduzieren haifischschuppen-analoge Strukturen bereits den Treibstoffverbrauch von Verkehrsflugzeugen, wird Oberflächenverunreinigung durch Anwendung des »Lotus-Effektes« reduziert und nutzen solare Energiesysteme Breitband-Entspiegelungen nach dem Prinzip des Mottenauges.

Aber die Analysen zeigen ebenso deutlich auf, dass die Natur keine einfachen Kopiervorlagen bietet. Ganz im Gegenteil, in vielen Fällen sind die realisierten Konzepte wenig überzeugend und lassen sich lediglich aus ihrer Historie, dem Evolutionsprozess, erklären. Dennoch lernen wir, dass es möglich ist, selbst unter Einbeziehung multipler Optimierungskriterien, funktionstüchtige Lösungen zu realisieren. Interpretiert man Innovation als »Lösung sich gegenseitig scheinbar ausschließender Anforderungsprofile«, so ist die Beschäftigung mit den Vorlagen der Natur gleichermaßen Herausforderung wie Schulung unserer Kreativität.

Und darüber hinaus erzwingen die hochkomplexen Systeme und Strukturen den interdisziplinären Dialog. Neue Kommunikationsmodelle sind ebenso gefordert wie die Anwendung des Methodenrepertoires aller uns heute und in Zukunft zur Verfügung stehenden Wissenschaftsdisziplinen.

2 DER STOFF AUS DEM DAS LEBEN IST

Die belebte Welt beginnt auf der Stufe der Moleküle, im Nanokosmos. Funktionsbausteine, teilweise nur aus wenigen Atomen aufgebaut, schließen sich zu immer komplexeren Aggregationen zusammen und generieren dadurch letztlich alles, was als lebende Materie bekannt ist. Durch diese hierarchische Strukturierung werden immer mehrdimensionale Funktionsoptionen auf molekularer Ebene generiert, die vielfältige Vorbilder mit Anregungen für HighTech-Materialien, Selbstorganisationsprozesse und Multifunktionalität darstellen.

2.1 Einfache Bausteine, lange Ketten

Der Grundbausatz biologischer Materialien besteht im Wesentlichen zunächst aus Aminosäuren, die aneinander gereiht funktionelle Polymere, so genannte Proteine (Eiweiße) bilden. Diese Moleküle sind die Basiskomponenten des Lebens, das sich einer äußerst konservativen Konstruktionsweise bedient: seit ca. 3 Milliarden Jahren finden die gleichen Bausteine Verwendung. Tatsächlich geht die Selbstbeschränkung hier so weit, dass von der theoretisch nahezu unendlich großen Anzahl unterschiedlicher Aminosäuren lediglich ca. 260 im Bereich der belebten Natur vorkommen; in den Proteinen finden gar nur 20 davon Verwendung. Allerdings werden diese in äußerst innovativer Art und Weise immer wieder neu miteinander kombiniert.

Während die Reihenfolge der Aminosäuren, die Primärstruktur eines Proteins, genetisch festgelegt ist, induzieren die chemischen wie physikalischen Eigenschaften dieser Grundbausteine bzw. deren Seitengruppen Sekundärstrukturen, selbstorganisierte Faltungen oder Verwindungen, die wiederum in so genannten Tertiärstrukturen zu räumlich übergeordneten Strukturen angeordnet werden. Die Prozesse des Faltens in die biologisch funktionalen Konformationen laufen in lebenden Zellen spontan und sehr schnell ab. Lagern sich mehrere dieser Moleküle im so genannten kooperativen Self-Assembling zusammen, wird eine Quartärstruktur ausgebildet und es entstehen hochfunktionale Supermoleküle.

Proteine sind die nanoskopischen Funktionseinheiten des Organismus schlechthin. Sie sind als Enzyme für den geregelten Ablauf chemischer Reaktionen im Körper verantwortlich, ermöglichen als integrale Bestandteile der Zellmembranen dort stattfindende Transport- und Informationsvorgänge und sind als Immunglobuline an der körpereigenen Immunabwehr beteiligt. In Form der kontraktilen Proteine Aktin und Myosin ermöglichen sie jegliche Art von Bewegungen, bilden in Form von Kollagen und Elastin Gerüstproteine und beteiligen sich als Transportproteine an den vielfältigen Transportvorgängen innerhalb des Organismus.

Lassen sich die beschriebenen Grundbausteine der Organismen bis dato auch erst bedingt als Vorlage zu neuen technischen Anwendungen und Produkten nutzen, so hat doch das Organisationsprinzip in der Technik durchaus bereits sein Pendant. Die bei den bereits angesprochenen Polymeren realisierte vielfache Repetition der gleichen Grundbausteine hat in der Werkstoffindustrie längst Einzug gehalten. In Form von Polyethylen, Polyamid, Polyester, Polyvinylchlorid, Polyurethan etc. sind sie gang und gäbe.

2.2 Hämoglobin und Chlorophyll

Im Allgemeinen sind Proteine geeignet, komplexe Hochgeschwindigkeits-Prozesse zu befördern. Selten dauern die Reaktionszeiten länger als einige wenige Millisekunden. Zu diesen Hochleistungsmolekülen gehört z.B. das Hämoglobin. Es besteht aus 4 Untereinheiten sowie einem zentralen Eisenatom und ist verantwortlich für die Sauerstoffversorgung vieler tierischer Organismen. Da Sauerstoff in wässrigen Flüssigkeiten nur bedingt löslich ist und die im Körper benötigte Menge durch physikalische Löslichkeit nicht bereitgestellt werden kann, ist ein entsprechender Träger unerlässlich. In den Lungen oder deren Vorstufen wird besagtes Eisenatom mit Sauerstoff »beladen«. Gebunden an Hämoglobin, das in den Erythrozyten (rote Blutkörperchen) verpackt ist, wird der Sauerstoff über das Blut durch den Körper transportiert und in den Geweben wieder abgegeben. Sowohl bei der Aufnahme des Sauerstoffs durch das Hämoglobin als auch bei der Abgabe handelt es sich um elegante, ph-Wert-gesteuerte Prozesse.

Das Transportmolekül Hämoglobin gehört mit zu den frühesten Errungenschaften innerhalb der Evolution der Lebewesen. Seine ursprüngliche Aufgabe war dabei wohl nicht einmal die Bereitstellung einer hinreichenden Sauerstoffmenge im Körperinneren, sondern vielmehr die Neutralisierung des eigentlich toxischen Sauerstoffs durch dessen Bindung. Im Laufe der Evolution wandelt sich diese Fähigkeit, Sauerstoff durch Bindung unschädlich zu machen, zu der Fähigkeit, den durch neue Anforderungsprofile des Körpers benötigten Sauerstoff bereitzustellen.

Dem Hämoglobin in seinem Molekularaufbau sehr ähnlich ist das Chlorophyll, der grüne Blattfarbstoff. Hier ist das Zentralatom Eisen gegen Magnesium getauscht und ermöglicht dadurch gänzlich neue Funktionalitäten. Chlorophyll ist zentraler Bestandteil der Photosynthese, es dient der Ausbeute der Photonenenergie des sichtbaren Anteils des elektromagnetischen Spektrums der Sonneneinstrahlung. Dieser Prozess kann ohne Übertreibung als eine *der* Innovationen im Verlauf der biologischen Evolution bezeichnet werden. Hierbei wird Photonenenergie in Bindungsenergie chemischer Substanzen gewandelt, insbesondere in der Form von **ATP** (Adenosintriphosphat), und kann dadurch gespeichert werden. Die Leistungen der Photosynthese beschränken sich also nicht nur auf die Energiegewinnung. Durch die chemische Speicherung ermöglichen sie eine, wenn auch zeitlich begrenzte, energetische Unabhängigkeit vom einfallenden Sonnenlicht. Dem Organismus steht damit auch nachts hinreichend Energie zur Verfügung.

Auch beim Chlorophyll handelt es sich um phylogenetisch sehr alte Strukturen, die ursprünglich wohl eher der Vermeidung der zerstörenden Wirkung hochenergetischer Strahlung gedient haben dürften. Noch heute verfügen exponierte Organismen oder Teile von diesen über unterschiedlichste Schutzpigmente, die durch Reflexion des einfallenden Lichts die destruktive Wirkung der Sonneneinstrahlung zu verhindern oder doch zumindest zu vermindern suchen.

Bei Hämoglobin und Chlorophyll handelt es sich um sehr alte Funktionseinheiten, deren Alter auf ca. 2 Milliarden Jahre geschätzt wird. In dieser Zeit hat sich im Lauf der Entwicklung der Organismen das Anforderungsprofil geändert und die vorhandenen Anpassungsmechanismen übernahmen in den neuen Kontexten neue Aufgaben, ohne dabei völlig umkonstruiert zu werden. Die Evolution bedient sich hier also vorhandener Strukturen, die nicht unbedingt einen Formwandel, sehr wohl aber einen Funktionswandel erfahren. Im Fall des Hämoglobins wie des Chlorophylls hatte sich, salopp formuliert, einfach der Fokus geändert. Es ging nicht mehr um Vermeidung von Prozessen oder Substanzen, sondern unter sich ändernden, neuen Lebensbedingungen der Organismen waren diese Prozesse oder Substanzen erwünscht, ja sogar plötzlich essenziell.

Hämoglobin und Chlorophyll gehören zu den vielen Beispielen, die aufzeigen, dass die biologische Evolution auf Vorhandenes zurückgreift. Bereits existierende Strukturen und Elemente werden in einen neuen Kontext gebracht oder sie eröffnen durch geringfügige Modifikationen neue Funktionsmöglichkeiten. Es wird nicht prinzipiell Neues konstruiert, sondern die neuen Formen und Funktionen leiten sich aus den alten ab. Daher gilt für die meisten evolutiven Entwicklungen, dass sie sehr allmählich, über einen langen Zeitraum hin entstanden sind. Daneben finden sich allerdings auch immer wieder

Ausnahmen von diesen Befunden. Sprungartige Entwicklungen, die zu echten Innovationen führen.

Die Strategie des allmählichen Entwickelns reduziert die Gefahr des Scheiterns, ermöglicht aber auch nur geringe Fortschritte. Ist jedoch die Zeit hinlänglich lang, dann ist der Fortschrittsgrad nicht wirklich relevant. Geschätzte 3 Milliarden Jahre Entwicklungszeit sollten also diese Strategie präferieren. Dennoch lassen sich auch Entwicklungssprünge aufzeigen. Die Anpassungsnotwendigkeiten beim Landgang der Lebewesen beinhalten z. B. eine ganze Reihe dieser Sprünge. Bergen Innovationssprünge auch durchaus enorme Gefahren, so bieten sie jedoch die Möglichkeit zur Erschließung neuartiger Potenziale. Die Strategie der Evolution scheint hier eine »gesunde« Kombination aus beiden Vorgehensweisen zu sein.

2.3 Das Supermolekül DNA und Protein Engineering

Einmal entwickelt, werden die Informationen zur Genese von Strukturen und Prozessen gespeichert. Das hierzu verwendete Molekül, die DNA, zählt ebenfalls zu den hochfunktionalen und evolutionsgeschichtlich alten Molekularstrukturen. Das DNA-Molekül repräsentiert sicherlich die größte Herausforderung, wenn es darum geht, biologische Vorbilder als Anregung für innovative Produkte und Prozesse heranzuziehen. Die Anregungen sind vielfältig: Angefangen vom räumlichen Design, das durch immer neue Verwindungen und Torsionen auf mehreren Hierarchieebenen einen Verkürzungsfaktor von 1:12 000 erreicht, bis hin zur Art der Informationsspeicherung. Diese scheint den aktuell in der Computertechnik realisierten Verfahren um ein Vielfaches überlegen zu sein. Diese Überlegenheit bezieht sich nicht nur auf das Speicher- und Informationsverarbeitungspotenzial, das anstelle des 2-Varianten-Prinzips der Informatik (0 und 1) auf 4 Variationen (A, T, G, C) setzt, sondern nicht zuletzt auf die Fähigkeit zur Selbstüberprüfung und -reparatur. Software also, die sich selbst auf Fehlerstellen hin untersucht und – vom Benutzer unbemerkt – Reparaturen bei laufendem System vornimmt.

Die hohe Funktionalität und die Spezifität der Proteine, die offensichtlich durch marginale Veränderungen der Aminosäuresequenz erreicht wird, macht den Wunsch nach der Gestaltung neuer, künstlicher Funktionsmoleküle verständlich. Das Prinzip erscheint einfach: Die Reihenfolge der Aminosäuren bestimmt die Funktion des Moleküls, warum also nicht neue Reihenfolgen und damit neue Funktionen generieren?

Im Bereich des »Protein Engineerings« dienen dabei natürliche Proteine zunächst als Ausgangsbasis und werden an gezielten Stellen manipuliert. Substitutionen von Aminosäuren führen zu veränderten Primärstrukturen. Dadurch kommt es zu spontanen Änderungen in der Sekundär- und Tertiärstruktur und damit zu neuen Reaktionsorten, so genannten reaktiven Domänen und Positionen, auf dem Molekül. Neuartige Bindungen können eingegangen werden, andere werden vermieden, das Molekül erhält andere Funktionen. Weitergedacht, eröffnen die Verfahren des »Protein Engineerings« auch die Möglichkeit zur Konstruktion völlig artifizieller Proteinmoleküle, die entsprechend der gewünschten Funktion »designt« werden können. In der Tat ist damit der Arbeitsbereich des »Protein Designs« umrissen. Hier steht das Bestreben im Raum, in der Natur nicht vorkommende Proteine bzw. Funktionsmoleküle zu generieren, die maßgeschneiderte physikochemische, strukturelle oder katalytische Eigenschaften haben. Hier tut sich ein nahezu unendlich weites Feld auf, zumal diese artifiziellen Moleküle nicht auf die Verwendung der 20 Aminosäuren der natürlichen Proteine beschränkt sein müssen.

2.4 Cellulose und Chitin

Organismen sind nicht ausschließlich aus Proteinen aufgebaut. Ergänzt werden diese multifunktionalen Polymere durch weitere biologische Strukturbausteine und Speicherstoffe, die Polysaccharide (Kohlenhydrate) und Lipide (Fette).

Während Letztere etwa die Langzeit-Energiespeicher des Körpers bilden und essenzielle Funktionsbestandteile der Zellmembranen darstellen, liefern die Kohlenhydrate Energie wie Strukturbausteine gleichermaßen. Tatsächlich finden sich hier die zahlenmäßig häufigsten Bio-Moleküle: Cellulose und Chitin. Beides Polysaccharide (langkettige Zuckermoleküle), die die Strukturstabilität und mechanische Belastbarkeit der Organismen gewährleisten, Cellulose bei den Pflanzen, Chitin bei den Arthropoda (Spinnen, Insekten und Krebse) und Pilzen. Hier ist insbesondere die Biosyntheseleistung der Pflanzen beeindruckend: 50 % der Masse eines Baumes bestehen aus Cellulose und jährlich werden nicht weniger als ca. 10 Billionen Tonnen davon durch die Syntheseleistungen der Pflanzen weltweit gebildet. Allerdings belegt Chitin, zusammen mit der pflanzlichen Hemicellulose, in der Rangliste der häufigsten Moleküle bereits Platz 2, auch hier werden jährlich unvorstellbare Mengen an Biomasse produziert.

Cellulose und Chitin sind sich in ihrem strukturellen Aufbau sehr ähnlich und unterscheiden sich lediglich durch eine stickstoffhaltige Seitenkette beim Chitin. Gleiches gilt für die Speicherstoffe Stärke und Glykogen. Auch hierbei handelt es sich um Polysaccharide, bei Stärke um pflanzliche, bei Glykogen um tierische, die sich in ihrem Aufbau nur marginal unterscheiden und die Energie für alle Lebensprozesse des Organismus liefern. Einmal mehr lässt sich hier sehen, dass neue Funktionen durch eine leichte Modifikation vorhandener Bausteine erreicht werden.

Zu den angesprochenen Elementen und Bausteinen kommt noch ein ganzer Cocktail an Ionen, Salzen und Spurenelementen hinzu, die jeweils essenziell und spezifisch für die Organismen, deren Organe sowie deren jeweilige Funktion sind – und nicht zu vergessen: Wasser.

Das Leben auf diesem Planeten ist auf dem Trägermolekül Wasser aufgebaut, was eine einfache Übertragung biologischer Prozesse und Strukturen in vielen Bereichen der Technik oftmals kaum oder nur sehr schwer realisierbar macht. War und ist der Dipol Wasser zwar das ideale Medium, um die Vorgänge der belebten Natur zu befördern, so haben sich viele technische Entwicklungen just von diesem Medium entfernt, wird Wasser in vielen Prozessen bewusst vermieden. Wasser ist zu wenig thermoresistent, um den Hochtemperaturprozessen vieler technischer Vorgänge standhalten zu können. So werden z.B. temperaturresistentere Öle zur Schmierung der beweglichen Teile von Motoren eingesetzt, wohingegen Organismen wasserbasierte Gele zur Schmierung in den Gelenken verwenden. Wasser ist unter Umgebungsbedingungen flüchtig, daher bleibt sein Volumen nicht konstant. Und das in ihm entstandene Leben bzw. dessen organismische Repräsentanten finden nahezu immer eine Möglichkeit, sich dieses Wasser zugänglich zu machen, sei es vermeintlich auch noch so hermetisch verschlossen. Mit anderen Worten, das Wasser wird kontaminiert, im ersten Besiedlungsschritt durch einzellige Organismen, z.B. Algen, denen bald Vielzeller folgen.

2.5 Spinnenseide

Biologische Organismen sind durchaus in der Lage, unter geeigneter Auswahl einzelner Substanzen und Kombination Hochleistungsmaterialien zu generieren. Zu den besonders beeindruckenden gehören wohl zweifelsohne die Fäden der Spinnen. Sie bestehen im Wesentlichen aus dem Protein Fibroin und unterschiedlichen Mucopolysacchariden (Zuckerverbindungen). Zu einem Faden versponnen, sind dessen Kenndaten so beeindruckend, dass immense Versuche unternommen werden, um analoge technische Fäden herstellen zu können. Und die Untersuchungen zeigen, dass dieses Unterfangen alles

Elektronenmikroskopische Aufnahme der Spinndrüsen am Opistosoma (Hinterleib) einer Spinne. Im Opistosoma befinden sich die Drüsen, die das jeweilige Sekret bilden. Dieses gelangt über die Spinndrüsen nach außen und wird im Moment des Austritts versponnen.

andere als einfach zu werden verspricht. Spinnen sind wahre Hochleistungs-Bioreaktoren wie High-Tech-Produktionsanlagen gleichermaßen. Bis zu einigen Dutzend Drüsen verspinnen das, was von den Tieren in bis zu 7 unterschiedlichen Drüsen an verschiedenartigen Sekreten gebildet worden ist. Noch in den Ausführgängen zu den Spinndüsen werden dem Flüssigsekret entscheidende Substanzen beigemengt. Im Kontakt mit der Luft erhärtet das Fluid und bildet besagten Faden. Da sich die gesponnenen Fäden je nach Anforderung in ihren mechanischen Eigenschaften unterscheiden müssen, wird bei deren Herstellung jeweils eine unterschiedliche Anzahl an Düsen aktiviert. Das Produkt ist dann belastbarer als Stahl, dehnbarer als Nylon und wasserfest; und auch im versponnenen Zustand energetisch hochwertig, was die Besitzerin des Netzes veranlasst, alte Fäden wieder aufzufressen.

Das Einsatzspektrum scheint enorm, Halte- und Zurrseile wie -bänder, flächige Belastungs- und Funktionstextilien unterschiedlichster Art und Verwendung, natürlich auch Netze für jegliche Einsatzart und von besonderem Interesse: hauchdünnes, hochbelastbares und biokompatibles Nahtmaterial, das im Medizinbereich ein großes Anwendungspotenzial hat.

Im Gegensatz zur Seide der Seidenspinner kann dieses beeindruckende Material nicht auf natürlichem Wege gewonnen werden. Spinnen sind Raubtiere, die die Verwandtschaft nicht unbedingt als solche erkennen und müssten daher getrennt voneinander gehalten werden, was wiederum die Zucht enorm aufwendig gestaltet. Daher wird seit geraumer Zeit versucht, das Seidenprotein Fibroin biotechnologisch zu gewinnen. Neben den üblichen Versuchen, Mikroorganismen entsprechend genetisch zu manipulieren, wurden auch Ziegen entsprechend behandelt. Deren Milch enthält nun das begehrte Protein. Allerdings liegt das Geheimnis des Spinnfadens in der Kombination aus Werkstoff und Anordnungsgeometrie und noch lässt sich aus der Milch kein Faden herausziehen, der dem der Spinne ähnlich wäre.

Und noch ein Geheimnis gilt es zu lüften. Jede unverschlossen vergessene Klebstofftube macht es deutlich: wie gelingt es der Spinne, ihre Düsen funktionstüchtig zu halten?

2.6 Bio-Kleber

Zu den nachahmenswerten Hochleistungsmaterialien der Organismen gehören sicherlich nicht zuletzt die von ihnen in vielfältiger Weise erzeugten Klebstoffe. Auch sie bestehen aus Proteinen, Polysacchariden und Wasser.

In der Tat existiert hier bereits eine Vielzahl von technischen Produkten, die ein sehr weites Anwendungsspektrum abdecken. Daher erstaunt es kaum, dass der Pro-Kopf-Verbrauch an Klebstoffen in Deutschland aktuell über 6 kg pro Jahr beträgt und der dabei erzielte Umsatz sich auf mehrere Milliarden Euro beläuft. Klebstoffe überzeugen durch ihre leichte Handhabbarkeit und ihr geringes Gewicht. (**Kleben, Haften und Verbinden**) S.105 So werden Klebstoffe unterschiedlichster Charakteristika aufgrund ihres geringeren Gewichtes gegenüber anderen Verbindungsverfahren (z. B. Vernieten oder Schweißen) im Flugzeugbau eingesetzt, Gleiches gilt für den KFZ-Bau. Mehr als 50 % aller Windschutzscheiben werden heute eingeklebt, ebenso Außen- und Innenspiegel und ein Großteil der Innenausstattung, um nur einige Anwendungsbeispiele zu nennen. Pro Auto werden aktuell ca. 15–20 kg unterschiedliche Klebstoffe eingesetzt. Neue, hitzebeständige Substanzen erweitern das Spektrum in den Motorraum hinein. Papierindustrie und Elektronik sind ohne Klebstoffe nicht mehr vorstellbar, Gleiches gilt für die Medizintechnik, auch hier ist der Bedarf insbesondere an biokompatiblen Klebern enorm.

Aber schon die Erinnerung an die eigenen Anwendungserfolge mit herkömmlichen Haushaltsklebern zeigt, dass zumindest hier noch Optimierungsbedarf besteht. Auch das Einsatzspektrum ließe S.103 sich erweitern, etwa auf den Unterwasserbereich. (**Antifouling**)

Für die belebte Natur stellt der Einsatz unter Wasser offensichtlich kein Problem dar. Das Meer beherbergt eine Vielzahl der unterschiedlichsten Organismen, die zu dieser Leistung befähigt sind. So etwa Seepocken, festsitzende Kleinkrebse, die sich an nahezu jedes Substrat dauerhaft anzuheften vermögen. Dazu sezernieren sie aus unterschiedlichen Drüsen in der Basalplatte proteinhaltige Sekrete, die als Mehrkomponentenkleber trotz der Anwesenheit von Wasser in der Lage sind zu vernetzen und auszuhärten. Die Klebfähigkeit ist dabei enorm. Selbst wenn der Kleinkrebs längst abgestorben ist, bleibt seine Schale dauerhaft mit dem Substrat verbunden. Übertroffen wird diese Klebleistung von einigen Muschelarten, z.B. den Miesmuscheln. Sie verfügen neben den Klebkomponenten zusätzlich über Drüsen mit dem nötigen Lösungsmittel, können sich bei Bedarf also vom Untergrund auch wieder lösen. Diese Fähigkeit haben sie mit Seesternen und Seeigeln gemeinsam, auch diese Tiere verfügen neben einem anspruchsvollen Klebsystem über das zugehörige Lösungsmittel, welches ihnen die Mobilität erhält.

Die Kombination des Haftens und Lösens, quasi auf Knopfdruck, macht diese Systeme besonders attraktiv. Allerdings wird es technisch schwer realisierbar sein, sich hier des Vorgehens der belebten Natur zu bedienen. Was Schnecken, Seesternen und Miesmuschel leicht fällt, nämlich ein Lösungsmittel von ihrer Fußseite aus direkt auf den ausgehärteten Kleber aufzubringen, ist aktuell noch eine große Herausforderung. Eine Möglichkeit wäre hier, das Lösungsmittel in den Kleber einzubringen, bevor die Klebung initiiert wird; etwa verpackt und inaktiv in speziellen Mikrokapseln, die auf ein externes Signal hin ihren Inhalt freisetzen und damit das Lösungsmittel im Kleber aktivieren. Verfahrenstechnisch lassen sich hier eine Vielzahl von Einsatzmöglichkeiten andenken, auch wenn das Aktivierungssignal jeweils sorgfältig gewählt werden muss, um kein irrtümliches Auslösen und damit Loslösen zu induzieren.

Im Übrigen finden sich anspruchsvolle Klebsysteme nicht nur unter Wasser. Untersuchungen an Landschnecken zeigen, dass die Klebeeigenschaften des an der Fußsohle abgeschiedenen Schleims mit dem Anforderungsprofil variieren. Dabei unterscheidet sich der so genannte Lokomotionsschleim in seiner Haftkraft deutlich von dem, den das Tier verwendet, um sich über einen längeren Zeitraum an einer bestimmten Stelle anzuheften. Das Geheimnis hierbei liegt einmal mehr im Detail. Dem Haftschleim werden zusätzlich kleine, hochmobile Proteine beigefügt, die schnell durch die gesamte Klebeschicht zu diffundieren vermögen und zur Vernetzung der größeren Proteine und Mucopolysaccharide des Lokomotionsschleims beitragen. Dadurch erhöht sich die Haftkraft deutlich, das Tier kann auch »kopfüber« an geschützten Substratpositionen haften. Auch hier kann die Haftung gelöst werden. Es genügt einfach die Produktion neuen Lokomotionsschleims, auf dem das Tier dann wieder davongleitet.

Neben diesen flächigen Klebsystemen sind zudem im Laufe der Evolution Systeme entstanden, die nicht über große Kontaktflächen, sondern über eine große Anzahl kleiner bis Kleinstflächen mit dem Untergrund interagieren. Bei Insekten sind diese Systeme besonders weit entwickelt. Sie haben an ihren Füßen hochgradig differenzierte

Auflageflächen, die meist über die Fähigkeit der Flüssigkeitsabscheidung verfügen. Dieses Adhäsionssekret unterscheidet sich von den oben beschriebenen Klebstoffen in erster Linie dadurch, dass es nach dem Ausscheiden nicht polymerisiert, es härtet also nicht aus, sondern bleibt flüssig. Diese Sekrete ermöglichen den Tieren das Laufen an vertikalen Glasflächen ebenso wie kopfüber an horizontalen. Aus kleinsten Poren muss dabei ständig Haftsekret auf die winzigen Kontaktflächen gepumpt werden, da die Tiere bei jedem Kontakt kleine Tröpfchen davon zurücklassen. Das bedeutet im Umkehrschluss in der Tat: Fliegen hinterlassen Fußabdrücke. Kriminalistisch ist dies (bislang) allerdings nur insofern von Bedeutung, als aus der spezifischen Zusammensetzung des Haftsekretes auf die Spezies-Zugehörigkeit des Verursachers geschlossen werden kann.

Neben diesen Haftklebern verfügen unterschiedliche Organismen über ein großes Arsenal verschiedener Klebstoffsysteme. Beispielhaft seien hier einige davon erwähnt: das Schmelzklebeverfahren der Bienen, deren Wachs erst nach der Verarbeitung erstarrt und stabile Waben bildet; der Kleister bei Wespen, deren zum Nestbau verwendete Holz-Speichel-Verbindung der Methylcellulose des Tapetenkleisters sehr ähnlich ist. Sekundenkleber findet sich bei einigen Vertretern der Insekten, die ihre Eier über stilartige Strukturen punktförmig an Blattunterseiten heften, und weiterhin existiert eine unglaubliche Vielzahl an pflanzlichen Milchsäften, die in ihren Eigenschaften denen der Dispersionsklebstoffe entsprechen.

2.7 Biogene Keramiken und das Vorbild Perlmutt

Die Werkstoffe der belebten Natur sind nicht auf die Verwendung von organischen Bausteinen beschränkt, auch anorganische Verbindungen werden produziert und verwendet. So finden sich von Organismen hergestellte Keramiken und Keramikverbünde. Die Produk-

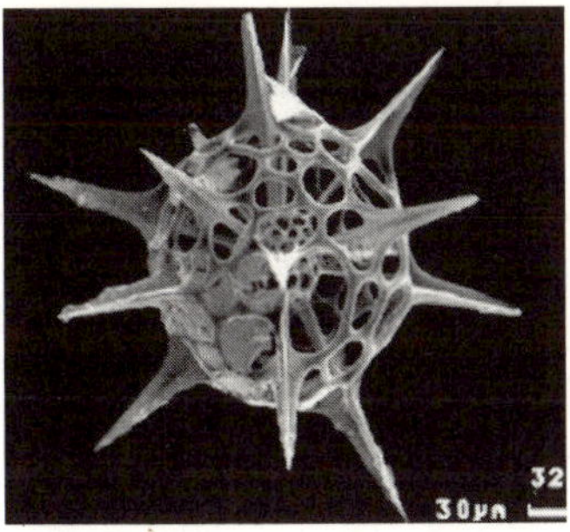

Radiolarien (links) und Diatomeen (rechts) sind einzellige Meeresorganismen, die dem Plankton zugerechnet werden. Dabei zählen die Radiolarien zum Zooplankton, die Diatomeen zum Phytoplankton. Beiden gemeinsam ist das Silikatskelett.

tion von reiner Keramik, etwa in Form von Siliziumoxid, ist im Wesentlichen auf die Syntheseleistung von einzelligen Kleinstorganismen, Radiolarien und Diatomeen, beschränkt. Dabei zählt die Biomasseproduktion dieser Lebensformen in den Weltmeeren durchaus zu den Top Ten. Sie sind in der Tat nicht ganz unbeteiligt an den geologischen Gegebenheiten auf diesem Planeten. Unglaubliche Mengen an Silikaten werden seit nicht minder unglaublich langer Zeit von diesen Kleinorganismen gebildet. Ihre abgestorbenen Hüllen und Skelette bilden heute ganze Bergmassive und Gebirge.

Über ihre geologische Bedeutung hinaus sind diese Organismen seit längerer Zeit in den Fokus bionischer Analysen gerückt. Nicht das Material selbst, sondern die einzigartige Form dieser Mikroskelette steht dabei im Blickpunkt des Interesses. Wurden im Laufe der Jahrmillionen auch schier unermessliche Mengen an Silikaten gebildet, so ist jeder einzelne Organismus doch daraufhin optimiert, von dem in seiner Biosynthese teuren Werkstoff so wenig wie möglich zu verwenden. Hier gilt es mit möglichst wenig Material möglichst stabile Strukturen zu erzeugen, die mechanischen Belastungen Widerstand bieten. Daher liegen mit den Silikatskeletten dieser Organismen wahre Leichtbau-Meisterwerke vor, die neben der Materialersparnis auch durch ihre Ästhetik beeindrucken. Entsprechend reicht der Einsatz dieser »Bauvorlagen« von vielfältigen architektonischen Übertragungen bis hin zur neuen Formgestaltung bei Autofelgen.

Die Tiefsee hat weitere Meister im Keramikbau hervorgebracht: Glasschwämme, deren graziles, bis zu 30 cm langes Skelett ebenfalls aus einer Vielzahl von Skelettnadeln aus Silikaten aufgebaut ist. Diese Nadeln verschmelzen zu einer stabilen Gitterstruktur, dem Schwamm-Skelett. Neben diesem Skelett bilden die Tiere zudem an der Basis einen Kranz langer Silikat-Nadeln unbekannter Funktion aus. Diese Nadeln sind unlängst in den Fokus der Forschung gerückt. Sie bestehen nicht nur aus demselben Material und einer vergleichbaren Geometrie wie kommerziell hergestellte Glasfasern, auch ihre optischen Eigenschaften sind ähnlich. Ungeklärt ist dabei nach wie vor, wozu die Tiere diese vorzüglichen Lichtleitfähigkeiten brauchen; in ihrem Lebensraum herrscht völlige Finsternis.

Doch das bei weitem größere technische Potenzial versprechen Keramik-Komposite aus keramischen wie biogenen Anteilen. Hierzu zählen das Perlmutt der Mollusken (hier Schnecken und Muscheln) ebenso wie Knochen und Zähne der Vertebraten (Wirbeltiere). Die anorganischen keramischen Anteile liegen zwischen 70 % (Knochen) und 98 % (Perlmutt). Obwohl die verbleibenden organischen Anteile wie im Beispiel des Perlmutts mit 2 % sehr gering sind, tragen sie dennoch zu einer entscheidenden Erhöhung der Bruchresistenz der daraus geformten Schalen-Bauteile bei. Besonders bemerkenswert an dieser Verbundkeramik und deren mechanischer Charakteristik ist, dass sie unter normalen Umgebungsbedingungen, also weder unter hohem Druck noch bei Hochtemperatur entstehen, vielmehr werden dünne Schichten so genannter Argagonitplättchen (Calciumkarbonat) von den synthetisierenden Zellen alternierend zu einer Chitin-Protein-Faserverbundschicht abgeschieden. Diese biogene Zwischenschicht kann durchaus zu den biologischen Klebstoffen ge-

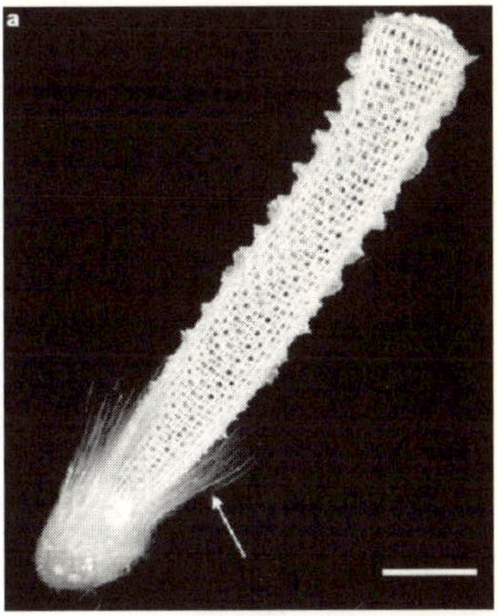

Skelett eines Glasschwamms, an der Basis (Pfeil) finden sich die dünn ausgezogenen Silikatnadeln, mit vorzüglichen Lichtleitereigenschaften.

zählt werden. Während die Keramikanteile immerhin eine Dicke von 400–600 nm aufweisen, ist die sie miteinander verklebende Faser-Matrix-Schicht deutlich dünner. Dennoch ist die um etwa 100- bis 1000-fache höhere Bruchresistenz nicht zuletzt durch diesen hauchdünnen Layer determiniert.

Zudem trägt die Anordnungsgeometrie der Plättchen zur Festigkeitserhöhung bei. Sie wirkt sich gegenüber homogenen Materialschichten günstig auf die Rissfortschreitung aus. Analoge Effekte lassen sich für Zähne bzw. deren Zahnschmelz aufzeigen. Auch hier wird die Festigkeit durch die Anordnungsgeometrie der Einzelelemente erreicht, wobei hier nicht nur eine Schichtanordnung realisiert wird, sondern vielmehr ein aufwendiges Anordnungsdesign, das alle drei Raumrichtungen berücksichtigt. Einzelne so genannte Prismen werden in eine Matrix eingelagert, die wiederum Kristallite enthält. Daraus lässt sich eine komplexe dreidimensionale Gittergeometrie erzeugen, die in allen Raumrichtungen mit einer hohen Bruchzähigkeit ausgestattet ist.

Da Bruchzähigkeit nicht zwangsläufig gleichbedeutend mit Abriebfestigkeit ist, stellen Zähne Laminate aus beiden Typen von Zahn-

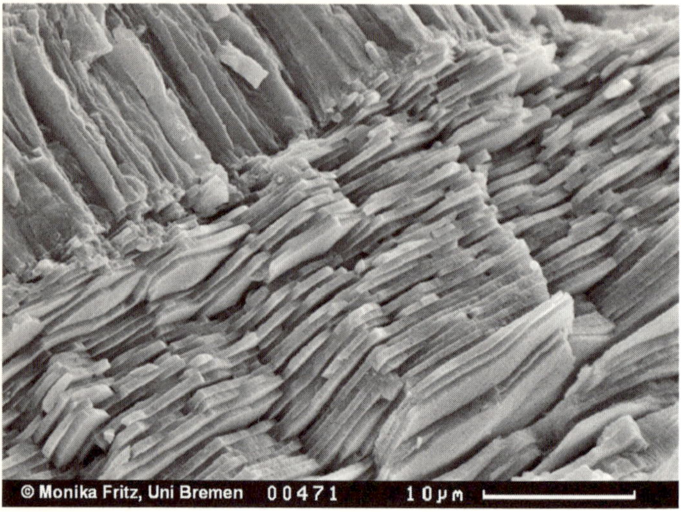

Elektronenmikroskopische Aufnahme eines Bruchpräparates aus Perlmutt. Deutlich erkennbar ist die schichtweise Anordnung der Aragonitplättchen.

schmelz dar: Bruchfeste Schichten wechseln sich mit abriebfesten ab. Der unterschiedliche Abrieb erzeugt im Gebrauch dauerhaft scharfe Mahl- und Schneidewerkzeuge. Dieses Kombinationsprinzip wurde unlängst erfolgreich in Bereiche der industriellen Fertigung importiert. Dort tragen nun dauerhaft scharfe Schneidewerkzeuge nach Vorbild der Nagetierzähne entscheidend zur Kostensenkung im Produktionsablauf bei.

2.8 Bio-Templating und Bioceren

Die letzten Geheimnisse der biogenen Materialeigenschaften sind längst nicht gelüftet, dennoch schicken sich die Werkstoffwissenschaften seit geraumer Zeit an, von diesen Bildungs- und Organisationsprinzipien zu lernen. Das weite Feld der Biokeramik deckt hierbei eine Vielzahl unterschiedlichster Einsatzmöglichkeiten ab. So orientieren sich die so genannten biomorphen Keramiken an der Struktur und Geometrie der biologischen Vorbilder. Oftmals werden dabei nicht-keramische Vorlagen verwendet, die in einem Umformprozess unter Verlust der organischen Bestandteile keramisiert werden. Beispiel sei hier das so genannte Bio-Templating, bei dem Holz die Schablone (template) bildet und in Hochtemperatur-Umsetzungsverfahren unter Verwendung von Silizium zu feinporigen Katalysatoren, Filtern, Wärmetauschern etc. modifiziert wird. Zwar keine Bionik, sondern lediglich die Verwendung von biogenen Ressourcen; allerdings ein interessantes Verfahren, nachwachsende Rohstoffe für den technischen Einsatz aufzubereiten.

Auch der Bereich der biofunktionalen Keramik ist nicht unbedingt bionisch motiviert. Hier steht die Suche nach biokompatiblen Werkstoffen für den Bereich der Endoprothetik bzw. Implantationsmedizin im Vordergrund. Deutlich zeigt sich dabei, dass neben der Bioverträglichkeit der Materialien auch deren Anordnungsdesign von essenzieller Bedeutung für eine langfristig erfolgreiche Applikation ist.

Ein vergleichsweise neuer Bereich innerhalb der Keramikforschung widmet sich den so genannten »Bioceren«, ein Kunstwort aus »Biology« und »Ceramics«. Hierbei steht das Bemühen im Vordergrund, Mikroorganismen auf bzw. in porösen anorganischen Trägersubstanzen zu kultivieren. Gelingen diese Einschleusungsversuche, ohne die Mikroorganismen dabei in ihrer Vitalität zu beeinträchtigen, dann lassen sich völlig neue Anwendungen erzielen, etwa im Bereich der Umwelttechnologie. Immer wieder im Vordergrund der Bemühungen: die Aufbereitung kontaminierten Wassers, insbesondere Industrieabwässer, die aktuell in aufwendigen, kosten- wie energiezehrenden Prozessen erfolgt.

Wenngleich diese Ansätze streng genommen nicht wirklich den Prinzipien der Bionik folgen, so haben sie mit dieser doch eines gemeinsam: Eine wirklich erfolgreiche Adaption und Übertragung der

Befunde in den Anwendungsbereich ist nur möglich, wenn die in der belebten Natur zugrunde liegenden Prinzipien und Vorgänge wirklich verstanden sind. Auch hier steht zunächst das Bemühen um das Verständnis der Strukturen und Mechanismen im Vordergrund.

Und dieses Bemühen zeigt aktuell zumindest eines unverkennbar auf: Die Gesetze der klassischen Mechanik wie der Werkstoffwissenschaften sind nicht ohne weiteres in den Nanobereich übertragbar. So ist etwa auf der Ebene der Nanostrukturen das Konzept des Bauteilschadens durch Materialversagen nicht mehr hinreichend. Nano-Komposit-Werkstoffe werden unempfindlich gegenüber Materialfehlern, vorausgesetzt, die beteiligten Komponenten sind hinreichend klein. Aktuell wird hier die obere Grenze auf 30 Nanometer festgelegt.

In diesem Bereich gilt es also neben der reinen Analysearbeit ebenso die beschreibenden Theorien weiterzuentwickeln, sollen zukünftig erfolgreich nanokonfigurierte Werkstoffe nicht nur zufällig, sondern planbar generiert werden können.

2.9 Komposit-Werkstoffe

Neben diesen Keramik-Verbundmaterialien findet sich in der belebten Welt noch eine Vielzahl an hochkomplexen Komposit-Werkstoffen. Vom Grashalm bis zum Baumstamm, von der Sehne bis zum Knochen existiert eine breite Palette an Kompositen. Werkstoffe, die aus Materialien mit unterschiedlichen mechanischen Eigenschaften bestehen und in der Kombination erkennbar andere Charakteristika aufweisen, als es die Einzelbestandteile tun: Das Ganze ist wiederum
S. 104 mehr als die Summe seiner Teile. (**Faser-Verbund-Werkstoffe**)

Wirklich spektakulär ist in diesem Zusammenhang sicherlich die Kutikula der Arthropoda. Sie stellt ein mehrschichtiges Faserverbundmaterial dar. Durch geschickte Variation des Faser-Volumen-Gehaltes sowie der Einzelkomponentenanteile der Protein-Lipid-Matrix

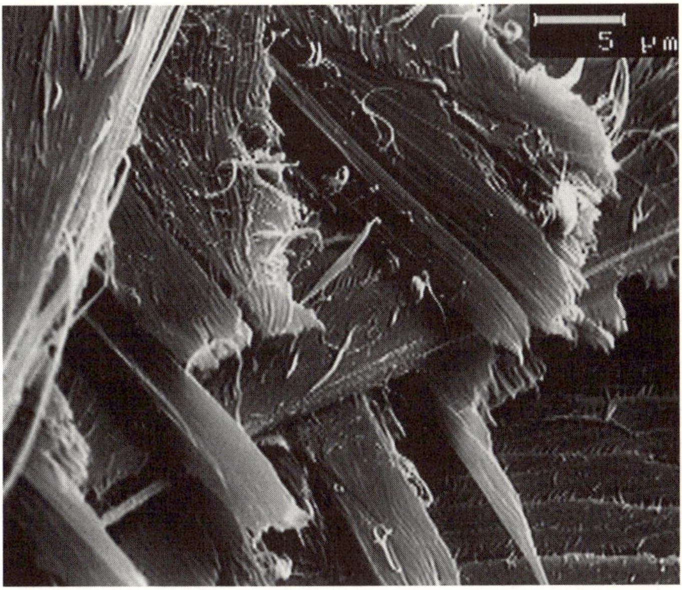

Kompositwerkstoff Kutikula: elektronenmikroskopische Aufnahme eines Bruchpräparats des Exoskeletts eines Käfers. Deutlich erkennbar sind die einzelnen Faser-Verbund-Schichten, die in unterschiedlicher Faserorientierung übereinander gelagert werden.

in jeder einzelnen Schicht kann hier ein enormes Spektrum an mechanischen Eigenschaften generiert werden. Die Tiere produzieren daraus hochelastische Gelenkhäute ebenso wie hochfeste Kau-, Stich- und Beißwerkzeuge. Letztere erreichen eine Steifigkeit, die der von Titan entspricht.

Weitere Eigenschaftsvariationen werden durch unterschiedliche Faserorientierungen der einzelnen, übereinander liegenden Schichten erreicht, die an der Oberfläche, dort wo das Laminat mit der Außenwelt in Kontakt tritt, zudem noch oberflächenversiegelt sind. Für bionische Betrachtung interessant ist neben den beeindruckenden mechanischen Eigenschaften nicht zuletzt die Leichtigkeit dieses Materials, zwingende Voraussetzung, um z.B. die Flugfähigkeit der Insekten zu gewährleisten. Und weiterhin, und da ist die Kutikula allen technisch vergleichbaren Werkstoffen wie etwa GFK und CFK (*G*las- bzw. *C*arbon-*F*aser-*K*omposite) deutlich überlegen, die verwendeten Substanzen sind zu 100 % rezyklierbar.

3 KRATZEN AN DER OBERFLÄCHE LOHNT SICH

Noch ist die Vorstellung, biologische Materialien ließen sich mit den ingenieurwissenschaftlichen Methoden der Werkstoffwissenschaften hinreichend erfassen und beschreiben, weit von der Wirklichkeit entfernt. Immerhin erlauben neue messtechnische Verfahren, wie z.B. die hoch sensible Raster-Kraft-Mikroskopie, erste Einsichten und Erkenntnisse. Die Ergebnisse solcher Untersuchungen machen deutlich, dass es gerade die spezifischen Eigenschaften der biologischen Materialien sind, die die Funktionalität der daraus geformten Bauteile und Konstruktionselemente maßgeblich (mit-)beeinflussen. Oftmals wird das an der Oberfläche der jeweiligen Konstruktionen am deutlichsten. Oberflächen repräsentieren die Grenzflächen zwischen innen und außen. Hier kommt es zur Interaktion des Materials mit der Umgebung, einem Fluid (Gas oder Flüssigkeit) oder einem anderen Festkörper.

Die Analyse biologischer Strukturen und Organismen macht überdies deutlich, dass sich deren Fähigkeit zum Überleben, ihre Fitness, nicht selten an dieser Schnittstelle zwischen Außen- und Innenmedium entscheidet.

Dabei kann das Spektrum der Größenordnungen sehr weit gefasst werden. Grenzflächen lassen sich durchaus auf der globalen Ebene der Biosphäre, z.B. dem Übergangsbereich zwischen Wasser und Luft oder zwischen den Baumwipfeln eines Waldareals und dem sich darüber anschließenden Luftraum, definieren. In den jeweiligen Kompartimenten, Wasser und Luft oder Wald und Luftraum, sind die Lebensbedingungen sehr unterschiedlich und die Übergangsbereiche werden zur Herausforderung für die Lebensformen, die sie bewohnen bzw. die durch sie hindurchdringen müssen. Grenzflächen oder -bereiche finden sich in anderen Zusammenhängen am Rande einer Population, etwa an den Rändern einer großen Herde oder einer Ansammlung vieler Organismen. Für die am Rande lebenden Individuen sind die Bedingungen deutlich anders als für die im Zentrum. Nicht umsonst werden Jungtiere bei Gefahr etwa durch Beutegreifer im Zentrum einer Herde zusammengehalten oder wechseln brütende Kaiserpinguine kontinuierlich von den Randpositionen der Kolonie zu den klimatisch deutlich geschützteren Innenbereichen. Vergleiche mit Gesellschaftsphänomen drängen sich hier unwillkürlich auf, sie sind jedoch nicht Gegenstand bionischer Analysen.

3.1 Membranen

Am unteren Ende der Größenskala, im nanoskalierten Bereich, finden sich die Membranen der Zellen. Zelluläre Oberflächen, die sowohl eine Barriere bilden als auch ein Interface zwischen innen, dem Zelllumen und außen, dem Interzellularraum, besitzen nicht selten erstaunliche Eigenschaften.

An Membranoberflächen finden nicht zuletzt Materialtransporte und Informationsaustausch statt. Dabei handelt es sich bei den Membranen um sehr komplexe Strukturen, die als Flüssig-Mosaik-Systeme verstanden werden. Hauptbestandteil ist eine doppelte Lipidschicht, wobei die hydrophoben Enden der Lipide jeweils nach außen, die hydrophilen entsprechend nach innen weisen. In diese Lipid-Doppelschichten sind Proteinverbände eingelagert, die zum Teil hochkomplexe Tunnelsysteme ausbilden können. Auf der Außenseite der Membran ist eine Vielzahl verschiedenartiger Moleküle auf- und angelagert, die die unterschiedlichsten Funktionen erfüllen. Auf der Zellinnenseite »ankern« faserartige Moleküle an den in die Membran integrierten Proteinen. Sie bilden das Zellskelett aus, das der Zelle eine gewisse Formkonstanz verleiht und ihre Funktionalität unterstützt.

Die Funktion der Zellen besteht im Allgemeinen aus der Synthese unterschiedlichster Substanzen. Die Produkte dieser zellulären Synthesefabriken, DNA-codierte Funktionsproteine etwa, werden noch in der Zelle in membranöse Hüllen verpackt oder auch unverpackt in den Kreislauf des Organismus entlassen und erreichen über das Transportsystem Blut ihren oft weit entfernten Wirkungs- und Bestimmungsort. Andere Moleküle werden auf gleichem Weg an die Membranaußenseite herantransportiert und in die Zelle eingeschleust. Dabei handelt es sich z.B. um Grundbausteine, Rohstoffe quasi, die einem zellulären Veredelungsprozess unterworfen werden, um anschließend wieder dem Kreislauf zugeführt zu werden.

Diese Transport- und Syntheseprozesse laufen nicht zufällig oder losgelöst voneinander ab, sondern werden zum Erhalt der Funktionstüchtigkeit des Organismus kontrolliert und geregelt. Zur zellulären Kontrolle werden Signalmoleküle verwendet. Die meisten dieser Signalmoleküle gehören zu den so genannten Hormonen, den chemischen Botenstoffen des Körpers. Diese Moleküle werden oft an entfernten Stellen des Körpers ebenfalls in spezialisierten Zellen entsprechender Drüsen gebildet, über die Blutbahn zu den Zellen geführt, wo sie in Kontakt mit den Zellmembranen treten. Kleinere Moleküle können an speziellen Tunnelstrukturen durch die Membran hindurchgeschleust werden. Größere gehen in Interaktionen mit so genannten membranständigen, in die Membranen integrierten Proteinen ein. Durch die Anlagerung erfolgt eine Konformationsänderung dieser Proteine, ihr dreidimensionales Design ändert sich. Da die jeweilige Funktion eines Moleküls von dessen Form und damit von der Zugänglichkeit zu funktionellen Arealen abhängig ist, lassen sich durch diese räumlichen Umgestaltungen auf der Membraninnenseite die unterschiedlichsten zellulären Prozesse induzieren. Auf diese Art werden molekulare Schalter ausgebildet, die z.B. besagte Produktions- und Syntheseprozesse initialisieren, stoppen oder modifizieren können.

Allerdings haben auch viele Toxine vergleichbare Wirkungen. Auch sie bedienen sich der in die Membran integrierten Schalter-Moleküle, um interne Reaktionen auszulösen. Diese sind dann allerdings nicht immer dem Erhalt des jeweiligen Organismus dienlich.

3.2 Molekulare Schalter

Dort, wo Membranproteine nicht selbst an der Reaktionskette beteiligt sind, eröffnen sie, wie angedeutet, Poren in der Membran. Diese feinen Kanäle ermöglichen den Durchtritt kleiner Moleküle und Ionen durch die Membranbarriere und bedingen maßgeblich die Funktionalität des Organismus. So wird das gesamte neuronale Kontroll- und Steuersystem durch den gezielten Durchtritt von Ionen durch die Membran der Neuronen gewährleistet. Alle Informationen, die über die Sensoren in der Peripherie des Organismus aus dessen Umwelt aufgenommen werden, werden über entsprechende Membranaktionen der Nervenzellen an die jeweils übergeordneten Zentren, Gehirne oder Nervenknoten, weitergeleitet. Hier werden sie verarbeitet, ebenfalls über membrangestützte neuronale Prozesse, und es werden situationsadäquate Handlungsanweisungen wiederum über die Nervenbahnen an die jeweiligen Erfolgsorgane, z.B. die Muskeln, gesendet. Die gesamte Informationskette vom Sensor zum Kontrollzentrum und von dort zum Aktuator besteht im Prinzip aus einem koordinierten Öffnen und Schließen von Poren in den Neuronmembranen. Auch hier werden somit molekulare Schalter verwendet, deren jeweilige Position »offen« oder »geschlossen« zum Ausgleich bzw. Aufbau von Potenzialdifferenzen, kleinsten Ladungsunterschieden auf diesen Membranen, führt. Ist die Position »offen« realisiert, strömen Ionen von der Außenseite der Neuronmembran durch die Kanäle nach innen, es kommt zum Abbau der Ladungsdifferenzen. Das auf diese Weise induzierte Signal dient der Informationsweiterleitung. Im Anschluss muss die Potenzialdifferenz aktiv, also unter Energieverbrauch, wieder hergestellt werden. Über molekulare Pumpen, ebenfalls membranständige Proteine, werden die eingeströmten Ionen wieder nach außen transportiert.

Beide Informationssysteme des Körpers, sowohl das hormonelle als auch das neuronale, gehören demnach zu der Vielzahl der essenziellen, an Membranen gebundenen Prozesse auf molekularem Niveau.

3.3 Zähnchen auf der Haut, Mikrobubbles und Selbstreinigungseffekte

Finden an den Membranen im Allgemeinen chemische Molekülinteraktionen statt, so sind die Vorgänge an der äußeren Oberfläche der Organismen eher physikalischer Art. An den Körperhüllen von Tieren und Pflanzen werden Effekte wie Selbstreinigung, Reduktion oder Maximierung des Reibungswiderstandes, Minimierung des Brechungsindexes, Verdunstungsschutz, Stoff- und Gasaustausch, Thermoregulation und Isolation, Pathogenenabwehr, UV-Resistenz, Adhäsion wie Adhäsionsvermeidung, um nur einige zu nennen, induziert.

Für nahezu alle biologischen Oberflächen lässt sich hierbei zeigen: Diese Funktionen und Effekte werden durch mikro- und nanoskopisch strukturierte Differenzierungen erzeugt. Auch hier liegt also das Geheimnis im Detail, ungeachtet der Größe des Gesamtorganismus.

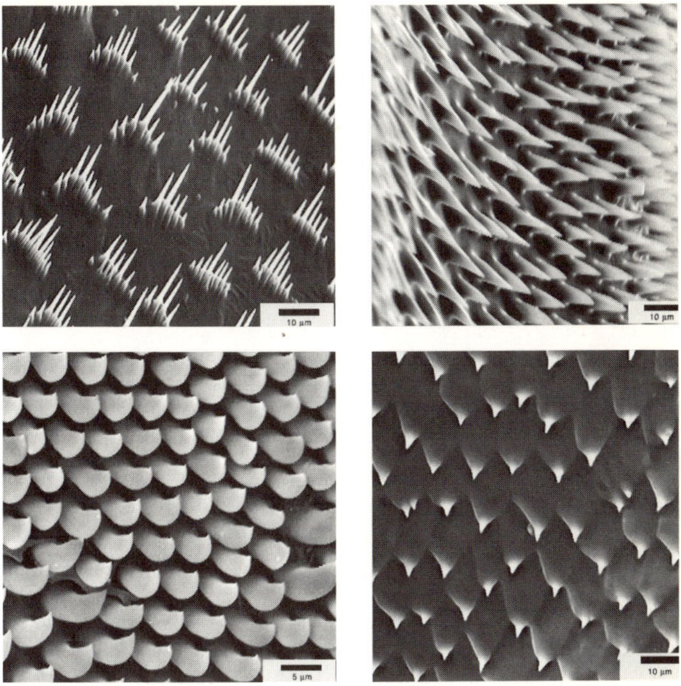

Elektronenmikroskopische Aufnahmen unterschiedlicher Oberflächenstrukturen bei Insekten. Diese Mikrostrukturen dienen analog zu Klettverschlüssen, der Verklammerung oder wie im Bild oben links dem geführten Verstauen von Käferflügeln nach der Landung.

Mit zu den bekanntesten, technisch bereits erfolgreich umgesetzten biologischen Oberflächenstrukturen gehören wohl die künstliche Haihaut sowie der Lotus-Effekt. Sie führen dabei exemplarisch zwei prinzipiell sehr unterschiedliche Effekte vor Augen: Reibungsminimierung bei der Haihaut, Selbstreinigung beim Lotus.

Die Entwicklung der künstlichen Haihaut, die so genannte Riblet-Folie, geht auf die Beobachtung zurück, dass die Haut schnell schwimmender Hochseehaie mit speziellen Oberflächenstrukturen besetzt ist. Zunächst ist, wie für die Gruppe der Haie üblich, der gesamte Körper mit so genannten Plakoidschuppen besetzt. Bei besagten Haien sind diese Schuppen zusätzlich an ihrer Oberseite strukturiert. Auf jeder Schuppe werden in Längsrichtung des Tieres, und damit in Schwimmrichtung, Riefen ausgebildet, die sich positiv auf den Reibungswiderstand am Körper des Tieres auswirken.

Die durch die Riefen induzierten Effekte in unmittelbarer Körpernähe, so genannte **Grenzschicht**-Effekte, reduzieren die Reibungsverluste merklich, was zu einer verbesserten Energiebilanz beim Schwimmen führt. Technische Nachbildungen, die die Riefenbildung imitieren, führen zu analogen Effekten. Unter Berücksichtigung der entsprechenden physikalischen Gesetzmäßigkeiten können diese Effekte nun nicht nur im Wasser, sondern auch in anderen Medien wie z.B. der Luft erzielt werden. Entsprechend lassen sich großtechnisch hergestellte Folien z. B. auf die Rümpfe von Flugzeugen kleben und führen zu merklichen Treibstoffersparnissen. Auch im KFZ-Bereich sind entsprechende Anwendungen denkbar, allerdings gilt: Die Treibstoffersparnis stellt sich nur bei der Fortbewegung mit merklicher Geschwindigkeit ein, mit anderen Worten, weder im Stadtverkehr noch im Stau.

S. 109

Wenn auch die Wirksamkeit im KFZ-Betrieb eingeschränkt ist, so sollte der objektive Erfolg in der Senkung der Reibungsverluste und damit der Betriebskosten doch zumindest im Luftfahrtbereich zu einem flächendeckenden Einsatz der Folie führen. Dass dem trotz belegbarer Erfolge nicht so ist, liegt an den folienbedingten Verlängerungen der Instandsetzungs- und Wartungszeiten eines Flugzeuges am Boden. Zur Material- und Strukturüberprüfung der Außenhülle muss neben der Farbe auch Folie entfernt werden. Anschließend müssen beide in aufeinander folgenden Arbeitsgängen wieder aufgebracht werden. Die sich daraus ergebenden verlängerten Standzeiten machen die ökonomischen Gewinne wieder zunichte. Daher

Elektronenmikroskopische Abbildung der Haihaut (links) sowie deren künstlicher Pendants. Deutlich erkennbar verfügen beide Oberflächen über die funktional bedeutsamen Längsriefen.

ist es für Fluggesellschaften unattraktiv, die Maschinen entsprechend umzurüsten, zumindest solange Kerosin unbesteuert und ökologischer Gewinn irrelevant ist.

Natürlich müssen diese Oberflächenstrukturen nicht aus dem Wasser genommen werden, um ihre günstigen Strömungseigenschaften zu entfalten, auch Schiffsrümpfe lassen sich entsprechend optimieren. Und selbst Schwimmer aus dem Hochleistungssportbereich setzen seit geraumer Zeit auf Ganzkörperschwimmanzüge, deren Textilstruktur den Riefen der Haischuppen nachempfunden worden ist. Tatsächlich scheinen sie auch begünstigende Effekte zu erzielen, wenngleich lediglich im Tausendstel-Sekunden-Bereich. Das allerdings ist bei der hohen Leistungsdichte der Wettkämpfer eventuell der alles entscheidende Vorsprung, auch wenn hier üblicherweise nicht um Leben oder Tod geschwommen werden muss. Bemerkt sei hier jedoch, dass nach wie vor ungeklärt ist, ob der Träger bzw. die Trägerin eines solchen Schwimmanzugs nun tatsächlich durch geringere Reibungsverluste gewinnt oder bedingt durch das Wissen, in einem Hightech-Anzug zu stecken.

Ungeachtet dessen ist die Senkung der Transportkosten durch geeignete Oberflächenbeschaffenheit nicht nur den Haien und deren Nachahmern zu Eigen. Entsprechende Effekte bei zunächst völlig unterschiedlichen Strukturen und Strategien lassen sich z.B. auch bei Delphinen aufzeigen. Die Tiere haben eine mehrschichtige Haut, deren einzelne Komponenten unterschiedliche elastische Eigenschaften aufweisen. Offensichtlich dienen diese Elastizitätsunterschiede dazu, die Mikroturbulenzen im Grenzschichtbereich positiv zu beeinflussen.

Fische, genauer Knochenfische, haben eine weitere Strategie zur Minimierung der Transportkosten. Sie scheiden über die gesamte Körperoberfläche einen viskosen Schleim ab, der die Reibungsverluste bei der Fortbewegung ebenfalls reduziert. Diese reibungsminimierende Methode der Fische fand bereits Eingang in Pilotexperimente zur Reduktion der Transportkosten von Flüssigkeiten durch lange Rohrleitungen, speziell in Pipelines. Hier konnte die notwendige Pumpleistung durch ein fischschleimähnliches Additiv deutlich gesenkt werden.

Besonders innovativ scheint die Strategie der Pinguine zu sein, die bei Hochgeschwindigkeit, etwa um Räubern zu entkommen oder um genügend Geschwindigkeit bzw. Impuls zu entwickeln, um sich auf hohe Eisschollen zu katapultieren, Luftbläschen aus dem Gefieder entlassen und somit quasi in einer Luftblase reibungsarm durchs Wasser gleiten. Attraktiv ist diese Strategie insbesondere, weil die Tiere die Luft nicht aktiv aus dem Gefieder pressen müssen. Vielmehr zieht der an bestimmten Positionen des Vogelkörpers durch die hohe Geschwindigkeit induzierte Unterdruck die Luft passiv heraus. Und hierbei besonders bestechend: die Luft ist gratis, im Gegensatz etwa zum Schleim der Fische, der unter Energieverbrauch ständig neu gebildet werden muss. Notwendig für diese Art der Reibungsminimierung sind also lediglich eine faserige oder poröse Oberflächenbeschaffenheit, die in der Lage ist, Luft reversibel einzuschließen, und natürlich ein periodisches Wiederauftauchen, um den nötigen Luftvorrat zu regenerieren. Da die Tiere zum Atmen ohnehin auftauchen müssen, werden hier keine zusätzlichen Anforderungen an das Energiebudget gestellt.

Die Verwendung von Luft zur Reduktion des Reibungswiderstandes unter Wasser wird nicht nur von den Pinguinen erfolgreich eingesetzt. Neuere Untersuchen zeigen, dass auch Wasserjagdspinnen und Wasserspitzmäuse über diese Fähigkeit verfügen. Hier wie dort werden feine Härchen oder haarartige Strukturen dazu verwendet, die Luft am Körper zu halten. Auch in der Technik ist die Reduktion des Reibungswiderstandes durch Luft längst nicht mehr unbekannt. An Versuchsschiffen wird mittels Kompressor während der Fahrt über zahlreiche feine Düsen im Rumpf ein regelrechter Luftvorhang gebildet. Diese »Mikrobubbles« verringern den Energieverbrauch bei der Fortbewegung um rund 10 Prozent. Allerdings wird dieser Gewinn durch den energieverbrauchenden Kompressor zum großen Teil wieder zunichte gemacht. Einmal mehr sind viele Organismen hier der Technik überlegen. Durch ihre Oberflächenstrukturen kann die Luft am Körper gehalten werden und muss nicht, wie beim Schiff, kontinuierlich nachgepumpt werden.

Nicht minder überraschend als die Tatsache, dass mikrostrukturierte Oberflächen weniger Reibungsverluste als glatte erzeugen, ist der Befund, dass saubere Oberflächen in der Natur ebenfalls alles andere als glatt sind, im Gegenteil. Die für viele Organismen beschriebenen erstaunlichen Selbstreinigungsfähigkeiten sind ebenfalls auf Mikrorauigkeiten zurückzuführen.

Bekanntestes Beispiel auf dem Gebiet der Selbstreinigungseffekte dürfte hierbei der Lotus-Effekt sein. Am Anfang dieser mittlerweile kommerziell vielfach genutzten Eigenschaft mag die Beobachtung gestanden haben, dass die großflächigen Lotusblätter an der Oberfläche immer sauber sind. In Asien gilt der Lotus daher auch als Pflanze der Reinheit.

Dabei bedeutet sauber hier: völlig rückstandsfrei, weder Schmutzpartikel noch Wasser haftet an den Blättern. Funktionsanalysen zeigen, dass sich dieser Effekt aus der Interaktion zweier unterschiedlicher Eigenschaften der Blätter ergibt.

Wie bei den meisten Pflanzen sind die Blätter von einer hauchdünnen Wachsschicht überzogen. Diese Wachsschicht lässt das Wasser vollständig abperlen. Zudem ist diese Schicht nicht homogen und glatt ausgebildet, sondern zeigt im Mikroskop kegelartige Mikrostrukturen. Diese Feinstrukturierung verhindert das flächige Aufliegen eines Partikels auf der Blattoberseite. Nur an den jeweiligen Spitzen der Wachsskulpturen kommt es zur Interaktion des Partikels mit dem Blatt. Diese geringen Kontaktflächen sind nun zu klein, um hinreichend große Adhäsionskräfte auszubilden, die den Partikel an der Blattoberseite halten könnten. Jeder aufgrund der hydrophoben Wachseigenschaften ablaufende Wassertropfen reißt die lose aufliegenden Schmutzpartikel mit hinunter, die Blattoberfläche bleibt sauber.

Als Lotus-Effekt patentiert hat dieses Prinzip bereits breiten Einzug in die technische Anwendung gehalten, von Fassadenfarben, nicht- oder doch zumindest schwer verschmutzbaren Textilien bis hin zu Dachziegeln reicht das Spektrum. Wenngleich hier also eine Reihe von Patenten bestehen, so hat der Lotus selbst offensichtlich kein alleiniges Nutzungsrecht dieses Prinzips. Neben unterschiedlichen Pflanzenarten lassen sich analoge Oberflächeneffekte auch bei Tieren aufzeigen. Insbesondere Insekten machen vielfachen Gebrauch von dieser Selbstreinigungsfunktion der Oberfläche. Überall dort, wo etwa die Flügel zu lang oder aus anderer Perspektive betrachtet, die Beine zu kurz sind, um die Flügel aktiv reinigen zu können, finden sich entsprechende Wachsauflagen. Bei Insekten, die wahre Meister im Materialeinsparen sind, scheint dies auch zwingend notwendig. Jede noch so kleine Zusatzmasse auf den ultraleichten Flügeln führt zumindest zu Unwuchten im System. Dadurch wird das energetisch ohnehin aufwendige Fliegen noch »teurer«.

3.4 Multifunktionale Oberflächen

Natürliche Oberflächen haben weit mehr zu bieten als nur Inspirationen zu »künstlicher Haihaut« oder »Lotus-Effekt«. Tatsächlich scheint das Innovationspotenzial hier unerschöpflich. Oft sind dabei die an einer Oberfläche induzierten Effekte nicht nur auf eine Funktion beschränkt. Nicht selten werden sogar sich widersprechende Funktionen an und durch ein und dieselbe Oberflächenstruktur generiert.

Zu den hierbei beeindruckendsten biologischen Oberflächen gehört die bereits an anderer Stelle angesprochene Kutikula der Arthropoden. Dieses Exoskelett stellt eine, vielleicht die multifunktionale Hülle dar, die den Organismus nahezu perfekt gegen seine Umwelt isoliert. So bietet sie z.B. einen hinreichenden Verdunstungsschutz. Meist ist Wasser ein knappes Gut, das es zu bewahren gilt. Nicht selten leben die Tiere in sehr trockenen Gebieten, in denen so gut wie kein frei zugängliches Wasser vorkommt.

Weiterhin sind spezielle Strukturen und Einlagerungen zur Erhöhung der UV-Resistenz notwendig, um die zerstörerischen Wirkungen der hochenergetischen UV-Strahlung, wenn nicht zu verhindern, so doch wenigstens zu verringern. Die Abwehr von Pathogenen, Bakterien, Viren sowie Pilzsporen wird durch entsprechende antibakteriell und fungizid wirkende Substanzen in der wachsartigen Auflage der Kutikula erreicht. Nicht zuletzt ermöglicht das mehrschichtige Faserverbundmaterial Kutikula eine hinreichende mechanische Belastbarkeit und Resistenz der Körperhülle und deren Extremitäten. Das ist ebenso bedeutsam für die hohe Belastung ausgesetzten Flügel wie für die nicht minder mechanisch belasteten Bohr- oder Grabwerkzeuge der Tiere. Zudem verfügt die Kutikula nicht selten über anti-adhäsive Oberflächen sowie die bereits angesprochenen Selbstreinigungsmechanismen und dient mit ihrer spezifischen Farbgebung und Pigmentierung der inter- und intraspezifischen Kommunikation und Signalgebung.

Die aufgezählten Eigenschaften können dabei an den jeweiligen Körperpositionen sehr unterschiedlich ausgeprägt sein. So wird etwa im Bereich der Facettenaugen völlig auf die Pigmentierung verzichtet; hier entstehen anspruchsvolle optische Linsensysteme. Bei nachtaktiven Insekten sind die Oberflächen der Linsen zusätzlich mit nanostrukturierten Reliefgittern versehen. Die Perioden dieser Gitter, die Abstände, in denen sich die Strukturen wiederholen, sind kleiner als die Wellenlänge des Lichtes, was zur Entspiegelung der Oberfläche führt.

Dieses Prinzip hat längst Einzug in die Technik gefunden. Neben den Entspiegelungseffekten sind hier Oberflächen mit etwas größeren Gitterabständen geeignet, die Effizienz der Lichtadsorption bei Solarzellen zu steigern. Gitterabstände von 10 bis 100 Mikrometer erlauben sogar, Licht um die Ecke zu lenken. Durch vergleichsweise einfache und kostengünstige Herstellungsverfahren über Gieß- oder Prägeprozesse ist das Einsatzspektrum entsprechender Oberflächen enorm. Daher finden sich Oberflächen mit entsprechenden Nanogeometrien z.B. bei Sonnenkollektoren zur Erhöhung der Licht- bzw. Energieausbeute, bei Displays und Monitoren zur Verringerung der Reflexionen und im Automobilbau zur Entspiegelung der Armaturen. Zudem werden sie im Bereich lichtlenkender Strukturen als so genannte retroreflektierende Würfelecken verwendet. »Katzenaugen«, die das Licht reflektieren und z.B. bei Fahrbahnmarkierungen, reflektierenden Schildern und Schutzkleidung Einsatz finden.

3.5 Haften und Verbinden

Tiere, die sich in ihrer Kutikula perfekt gegen die Umwelt isolieren, weisen jedoch notwendigerweise auch Körperstellen auf, an denen eine möglichst hohe Adhäsion zur Umwelt hergestellt werden muss. Hierzu zählen vor allem die Füße, die in kraftschlüssigen Kontakt zum Substrat treten müssen. Um die isolierende Wirkung der Kutikula in diesen Bereichen zu kompensieren, wurden im Laufe der Evolution eine Reihe unterschiedlicher Strategien entwickelt. Neben der Ausbildung von Klammer- und Krallenstrukturen scheiden, wie bereits erwähnt, viele Insekten ölhaltige Adhäsionsflüssigkeiten aus. Diese Haftsekrete vermitteln den Kontakt zum Substrat und erzeugen die notwendige Adhäsion über die Kohärenz des Sekrets. Das setzt jedoch das Vorhandensein bzw. die Bildung von Sekret voraus, das heißt die Tiere sind gezwungen, die energetischen Kosten für die Biosynthese dieser Flüssigkeiten aufzubringen.

Spinnen, obwohl mit den Insekten verwandt, haben ein völlig anderes Haftsystem entwickelt. Die Tiere produzieren kein Adhäsionssekret, sondern stellen den Kontakt zum Substrat über Trockenhaftung her. Während bei rauen Oberflächen ebenfalls Klauen eingesetzt werden, sind einige Vertreter dieser Tiergruppe in der Lage, die notwendige Adhäsion bei glatten Flächen durch eine sehr stark differenzierte Ausgestaltung der Fuß-Auflageflächen zu erreichen. Die ausgebildeten härchenartigen Strukturen erreichen eine Länge von ca. 3 bis 4 Mikrometern und sind dabei ultradünn. Ihr Durchmesser beträgt lediglich etwa 0,2 Mikrometer. Zum Vergleich, der Durchmesser eines menschlichen Haares beträgt ca. 60 Mikrometer, das 300-fache.

Diese hauchdünnen, fadenförmigen Strukturen, versehen mit den elastischen Eigenschaften der Kutikula, sind das Geheimnis dieser Systeme. Sie können durch ihre Flexibilität jede beliebige Oberflächentopographie nahezu ideal abformen und mit ihr in Kontakt treten. Die dabei erzeugten Haftkräfte sind in der Summe enorm und machen die aktuell weltweiten Bemühungen um ein technisches Analogon, etwa eine Art »spider-post-it« verständlich. Interessant ist hierbei, dass dieses Trockenhaftsystem nicht nur bei Spinnen, sondern ebenfalls bei den verwandtschaftlich weit entfernten Geckos etabliert wurde. Auch diese Tiere verzichten auf Adhäsionssekrete und differenzieren ihre Fußauflagefläche auf sehr ähnliche Art und Weise aus. Entsprechend sind die induzierten Effekte vergleichbar.

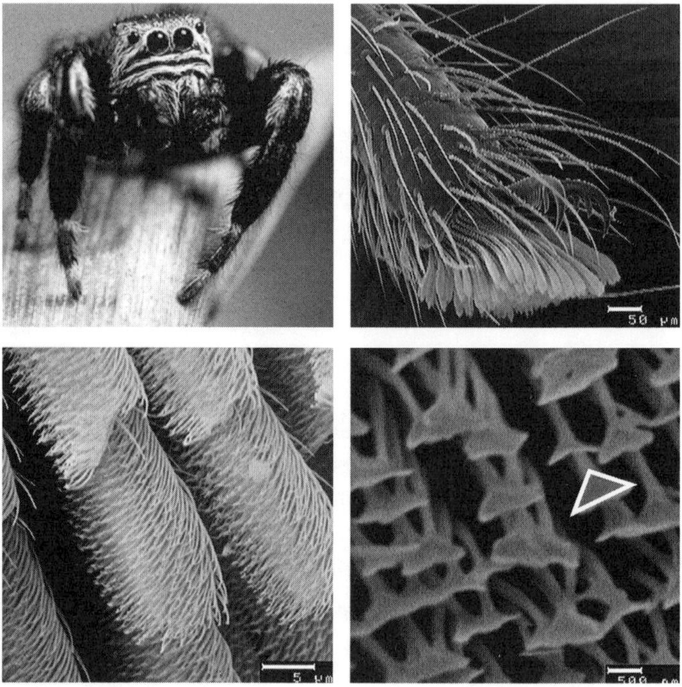

Springspinne sowie Detailaufnahmen ihrer Füße. Neben starken Klauen werden Haftläppchen deutlich, deren Oberflächen weiter unterteilt sind. Die segelartige Fläche der Kontaktspitzen hat eine Größe von 0,17 Quadrat-Mikrometer.

Beide Tiergruppen verwenden letztlich physikalische Wechselwirkungen zwischen den an der Haftung beteiligten Molekülen. Beide Tiergruppen haben dadurch einen enormen Vorteil: die chemische Beschaffenheit des Untergrundes spielt für die Haftreaktion keine Rolle, die Tiere vermögen auf nahezu jedem Untergrund mit hinreichender Festigkeit zu haften. Nicht nur die chemische Beschaffenheit des Substrats ist beliebig. Bestechenderweise funktionieren diese Systeme auch im Vakuum, sie sind also auch für den Einsatz im

Weltraum geeignet; und sie lassen sich, so die enormen Haftkräfte überwunden werden können, rückstandsfrei von der Unterlage ablösen.

Tatsächlich stellt sich die Frage, wie gelingt es der Spinne und dem Gecko, den Fuß wieder von der Auflagefläche zu lösen? Erste Untersuchungen mit Hochgeschwindigkeitskameras an Geckos zeigen, dass die Füße regelrecht abgerollt werden und so die zu überwindenden Haftkräfte an der »Trennungsnaht« jeweils vergleichsweise gering sind. Demnach ist auch für technische Systeme nach Vorbild der Spinnen und Geckos zu fordern, dass wenigstens eine der beiden aneinander haftenden Flächen flexibel sein muss. Dann lassen sie sich wieder voneinander trennen, rückstandsfrei, denn ein Klebstoff wurde ja nicht verwendet.

Stellt sich noch die Frage, weshalb ausgerechnet Spinnen, die an anderer Stelle ja gerade hinsichtlich der Synthesefähigkeit der unterschiedlichsten Sekrete zum Weben ihrer Netze beeindruckten, hier auf Produktion von Sekreten verzichten. Die energetischen Zusatzanforderungen können nach dem enormen Aufwand, der beim Faden betrieben wird, kaum zu Buche schlagen. Tatsächlich sind diese Trockenhaftsysteme für Jagdspinnen nachgewiesen worden, Spinnen, die ihre Beute also aktiv fangen. Diese Tiere bauen keine Netze, sie verzichten völlig auf die energetisch »teure« Produktion von Spezialsekreten.

3.6 Aquaplaning bei Kannenpflanzen

Insekten wie Spinnen haben also die Möglichkeit, wenn auch unter Verwendung anderer Strategien, auf den unterschiedlichsten Oberflächen hinreichend Haftung zu finden. Sie können auf allen erdenklichen Substraten laufen, etwa um sich neuen Lebensraum oder Nahrungsquellen zu erschließen oder dafür zu sorgen, dass sie einem potenziellen Angreifer nicht als ebensolche Nahrungsquelle dienen. Zumindest auf *fast* jedem Untergrund, denn wie so oft liefert die belebte Natur auch hier wieder zumindest ein System, das die Ausnahme zur Regel bildet und die Tiere mit ihrer Strategie scheitern lässt.

Hinsichtlich der Überwindung der tierischen Haftsysteme ist es die Kannenpflanze. Sie hat ihren Namen wegen der kannenartig umgestalteten Blätter, die der Aufbewahrung eines Sekretes dienen, das der Verdauung von Lebewesen dient. Die Kannenpflanze gehört somit zu den fleischfressenden Pflanzen und ihre Beute sind Insekten. Diese werden nun nicht, wie etwa bei der Venusfliegenfalle in eigens dafür ausgebildeten käfigartigen Fallen gefangen, sondern die Tiere rutschen auf dem oberen Rand der Kannen aus und fallen in die Verdauungslösung am Kannenboden. Um dabei nicht auf zufällige Ereignisse angewiesen zu sein, bedient sich die Pflanze ausgeklügelter Strategien. Zunächst lockt sie potenzielle Beute, z.B. Ameisen, durch die Bildung eines für die Tiere attraktiven Nektars an. Weiterhin ist die Oberfläche des Kannenrandes so beschaffen, dass die Tiere keine Möglichkeit der Anhaftung haben: der Wulst des Kannenrandes ist im Gegensatz zu fast allen anderen pflanzlichen Oberflächen mit Wasser benetzbar. Der daher dort meist aufliegende dünne Wasserfilm führt zu einem regelrechten Aquaplaning-Effekt, der die Tiere zum Innenrand hin rutschen lässt. Am Innenrand ist nun die Mikrostruktur der Oberfläche aus einzelnen schuppenartig übereinander angeordneten Elementen so ausgebildet, dass die Tiere sich auch nicht mit ihren Krallen verankern können. Einmal ins Rutschen gekommen, gibt es kein Halten mehr, die Insekten stürzen unweigerlich ins Innere der Kanne. Dort werden sie verdaut und liefern der Pflanze den benötigten Stickstoff.

Bei aller Begeisterung für die Kutikula der Insekten zeigt dieses Beispiel deutlich auf, dass auch die Kutikula der Pflanzen als multifunktionales System zu interpretieren ist, das in seiner Komplexität dem beschriebenen der Arthropoda in nichts nachsteht.

3.7 Wasser aus dem Nebel

Ein nicht weniger spektakulärer Oberflächeneffekt der Kutikula findet sich beim so genannten »Fog-Trapping-Beetle«, einem Käfer, der in den extrem trockenen Wüsten Namibias lebt. Zur Deckung seines Wasserbedarfs ist das Tier gezwungen, die nötige Feuchtigkeit aus dem Nebel zu gewinnen, der am frühen Morgen vom Meer her über die Wüste zieht. Dabei dient sein Exoskelett als Kondensationsfläche mit lokal unterschiedlicher Benetzbarkeit. Dieser Effekt wird durch zwei Faktoren begünstigt. Einerseits findet sich eine kegelförmige Mikrostrukturierung auf der Kutikula. Weiterhin wechseln sich hydrophobe Stellen mit hydrophilen ab, wobei die Spitzen dieser Mikrokegel hydrophil sind, die Täler hingegen hydrophob. Der Nebel kondensiert daher an den Spitzen und es wachsen allmählich größer werdende Wassertröpfchen an. Da die Senken zwischen den Kegeln hydrophob sind, fließt das Wasser nicht in sie ein, sondern die zunehmend größeren Tropfen bleiben auf den Kegelspitzen. Um diese nun trinken zu können, ist ein spezielles Verhalten notwendig: der Käfer streckt das letzte Beinpaar noch oben aus und winkelt das erste stark an, er macht quasi einen Kopfstand. Dadurch laufen die Wassertropfen, der Schwerkraft folgend, an seinem Körper entlang zum Mundfeldbereich, wo sie vom Tier eingesaugt werden.

Diese einfache und dennoch hocheffiziente Form der Wassergewinnung lässt sich auch mit technischen Materialien und Strukturen erreichen. Erfolgreich eingesetzt wird die Strategie des Käfers an den westlichen Flanken der Atacama Nordchiles. Hier sind entlang der Küstenlinie große, feinmaschige Netze vertikal aufgespannt. Sie dienen als Kondensationsfläche für die Nebelfeuchtigkeit. Die Effizienz ist erstaunlich, bis zu 10 Liter Trinkwasser pro Quadratmeter und Tag lassen sich so gewinnen. Das Wasser muss hierzu lediglich in einfachen Rinnen und Behältnissen am Boden der Netze aufgefangen werden.

3.8 Schwimmen im Sand

Die Wüste bringt weitere Anpassungsmechanismen hervor, die sich auch in der Oberflächentopographie der Organismen abbilden. Dort, wo kein Schatten zu finden ist, gehen viele Tiere der tagsüber alles versengenden Sonne dadurch aus dem Weg, dass sie sich im Sand vergraben. Während die meisten in den tieferen und kühleren Sandschichten einfach auf den Einbruch der Dunkelheit warten, gelingt es anderen sogar, durch den Sand zu tauchen und sich in ihm vorwärts zu bewegen. Erstaunlicherweise zeigt ihre Oberfläche dennoch keine Abnutzungsspuren durch den sonst üblicherweise sehr reibungswirksamen Sand. Prominentester Vertreter dieser Sandbewohner ist der so genannte Sandfisch, eine Eidechse, deren Haut erstaunliche Eigenschaften aufweist. Selbst bei mikroskopischer Betrachtung weisen die Schuppen der Reptilienhaut keinerlei Abnutzungserscheinungen auf, dafür lassen sich aber gezackte Feinstrukturierungen auf den Schuppen erkennen, so genannte Mikro-Ornamentationen. Diese sind in ihrer Form speziesspezifisch und werden unter anderem bei der Analyse der Familienzugehörigkeit der Tiere verwendet. Darüber hinaus sind sie offensichtlich essenziell für den Gleitvorgang durch den Sand. Zumindest weist die Haut der Sandfische sehr günstige Reibungskoeffizienten auf und ist in ihren Gleiteigenschaften denen von Stahl und Glas erkennbar überlegen.

Weiterhin werden diese kammartigen Ornamentationen auch als Strukturen zur Ableitung elektrostatischer Aufladungen, die durch die Sandreibung induziert werden, diskutiert. Wenngleich hier noch Klärungsbedarf besteht, so zeichnet sich doch bereits ein deutliches Einsatzspektrum im Bereich abriebfester und antistatischer Oberflächen und Beläge vielfältigster Art ab.

4 FORM UND FUNKTION

Sind die beschriebenen Oberflächeneffekte durchaus maßgeblich für die Leistungsfähigkeit vieler Organismen, so ist deren dreidimensionales Design nicht minder relevant. Schließlich korreliert die Körperform mit dem Volumen und mit der Masse an benötigtem Baumaterial. Da die Biogenese von Geweben energetisch aufwendig ist, sind Organismen im Allgemeinen bemüht, ihre Körpermasse so gering wie möglich zu halten. Es wird lediglich so viel Material aufgewendet, wie notwendig ist, um etwa die Strukturstabilität oder die Funktionalität eines Bauteils zu gewährleisten. Neben den reinen »Herstellungskosten« von Körpergeweben wirkt sich deren Masse auch bei der Fortbewegung der Tiere auf die energetische Gesamtbilanz aus. Das gilt insbesondere bei flugfähigen Formen, die hinreichend Kraft und Energie aufbringen müssen, um die Schwerkraft zu überwinden. Hier sind Leichtbaukonstruktionen von besonderem Interesse und die Organismen wurden im Laufe der Evolution nicht zuletzt auf dieses Kriterium hin stark selektiert.

Allerdings ist die Ultraleichtigkeit nicht hinreichend, um die Funktionstüchtigkeit einer Konstruktion zu gewährleisten. Soll ein Tier fliegen können, so müssen seine Muskeln die nötige Kraft aufbringen und sein Skelett die nötige Festigkeit aufweisen, um adäquate Strukturen, hier Flügel, in effiziente Bewegung versetzen zu können. Es wird deutlich, dass neben einer möglichst geringen Masse auch die Art des verwendeten Werkstoffs bedeutsam ist um die geforderte Stabilität unter Belastung zu erreichen. Multifunktionalität ist gefordert und diese Multifunktionalität wird meist durch Kompositwerkstoffe gewährleistet. Hier begegnen wir den smarten, multifunktionalen Materialien vom Beginn der Darstellung wieder. Neben der Art des Werkstoffs ist zusätzlich dessen Anordnungsgeometrie von entscheidender Bedeutung.

4.1 Ultraleichte Tragflächen

Am Beispiel der ultraleichten Tragflächen der Insekten lässt sich aufzeigen, dass das verwendete Baumaterial, die Kutikula, neben den anderen, bereits beschriebenen Vorteilen ein sehr gutes Masse-Festigkeits-Verhältnis aufweist. Dieser Werkstoff ist prinzipiell bei allen Insekten der Gleiche, nicht jedoch die daraus realisierte Flügelform. Das Design ist hochspezifisch an das Anforderungsprofil des jeweiligen Lebewesens angepasst.

Ein spezifisches Flugverhalten erfordert demnach spezifische Flügelkonstruktionen. Das betrifft die Größe und Form der Flügel sowie deren Anzahl. Auch die Interaktion der Flügel mit den gleichseitigen bzw. gegenüberliegenden Pendants und nicht zuletzt der Einsatz und die Handhabung nach der Landung am Boden haben Einfluss auf die Gestaltung der Tragfläche.

Dennoch imponieren Insektenflügel vor allen anderen Anpassungsmechanismen mit ihrer geringen Masse. Die Flügel sind Ultraleichtstrukturen, die unter minimalem Materialaufwand sehr hohe Festigkeiten erreichen. Die geringe Masse der Flugorgane ist in der Tat beeindruckend: Lediglich 1 bis 2 % der Gesamtkörpermasse werden für die Flügel aufgewendet. Reduziert auf die Anforderungen an die Tragflächen während des Flugs ergeben sich klare Optimierungskriterien: maximale Stabilität bei minimalem Materialaufwand.

Zunächst besteht der Flügel aus einem Adernetz, das das Grundgerüst bildet. Die meisten dieser Adern sind hohl und luftgefüllt. Nur die Hauptadern sind mit Körperflüssigkeit gefüllt. Zwischen diesem Tragwerk werden dünnhäutige Membranen aufgespannt. Tragwerk wie Membranen bestehen aus dem bereits an anderer Stelle beschriebenen mehrschichtigen Faser-Verbund-Material Kutikula. Das daraus resultierende Strukturdesign kann zunächst in grober Näherung als kutikuläres Röhrensystem mit dazwischen aufgespannten dünnhäutigen Membranen verallgemeinert werden.

Die dünnwandigen Röhren des Flügelgeäders gewähren unter geringem Materialaufwand eine hohe Biege- wie Torsionssteifigkeit über die Längsrichtung der Tragfläche. Die Flügelflächen biegen sich demnach auch unter den hohen Flächenbelastungen während des Fluges nur unmerklich ab, auch Verwindungen um die Längsachse treten kaum auf. Wo sie dennoch beobachtet werden, dienen sie einer passiven Formanpassung um die angreifenden Luftkräfte optimal auszunutzen.

Eine helikale Orientierung der Chitinfasern im Wandmaterial der Adern beugt darüber hinaus lokalem Strukturversagen vor. So lässt sich ein Einknicken der hohlen Röhren verhindern. Möglicherweise trägt auch der Innendruck der durch die Hauptröhren gepressten Körperflüssigkeit, die Hämolymphe, zur Strukturstabilität bei. Untersuchungen hierzu stehen jedoch noch aus.

4.2 Rohrkonstruktionen allenthalben

Das Prinzip dünnwandiger, mechanisch stabiler Röhren wird bei den »Leichtbaukonstruktionen« Insekten auch für die Beine verwendet. Im Inneren der Beinröhren sitzen die zur Streckung und Beugung der Extremitäten benötigten Muskeln. Um die Aktivitäten der Muskulatur kontrollieren zu können, werden zudem Nervenfasern in die Röhren entsandt. Zur energetischen Versorgung der Muskulatur werden Sauerstoff wie Hämolymphe benötigt. Ersterer wird über das so genannte Tracheensystem, ein luftgefülltes, feines Röhrensystem, bereitgestellt, die Hämolymphe wird frei in die Beinröhren eingepresst.

Dieses Prinzip der flüssigkeitsgefüllten Beinröhre wird auch bei den nicht minder leichtgewichtigen Spinnen verwendet. Dort wird es allerdings dahingehend optimiert, dass auf die Muskulatur zur Beinstreckung völlig verzichtet wird. Während die Beugung des Beines unter Muskeleinwirkung erfolgt, wird die Streckung durch Einpressen der Körperflüssigkeit erreicht. Das System arbeitet also semihydraulisch.

Das Konstruktionsprinzip der dünnwandigen Röhre findet sich nicht nur bei Tieren, auch die Pflanzen, insbesondere Gräser machen in unterschiedlichen Abwandlungen vielfachen Gebrauch davon. Neben den so genannten Süßgräsern (Poacea) verwenden Binsen- und Riedgrasgewächse (Juncacea und Cyperacea) Hohlrohrkonstruktionen, die unter geringem Materialeinsatz hohe Strukturstabilität ermöglichen. Gräser realisieren unter Anwendung dieses Prinzips erstaunliche Konstruktionen, erwähnt sei der Bambus, ebenfalls ein Vertreter der Gräser. Seine mechanische Belastbarkeit erlaubt ihm nicht nur enorme Wuchshöhen, beim Riesenbambus bis zu 30 Metern, er wird auch in vielfältiger Weise und zum unterschiedlichsten Gebrauch eingesetzt. Sicherlich zählen die asiatischen Gerüste beim Hausbau zu den beeindruckendsten Bambus-Konstruktionen, insbesondere wenn sie beim Bau von Hochhäusern zum Einsatz kommen.

Aber auch kleinere Formen, wie einheimische Gräser bzw. deren Halme, verfügen über nicht minder erstaunliche mechanische Fähigkeiten. Lang ausgezogene, hohle Halme mit sehr kleinen Querschnitten trotzen Wind und Wetter, auch unter der oft nicht geringen Last reifer Ähren. Adäquate Analysen zeigen einmal mehr: Die Kunst liegt im Detail. Clevere Materialanordnung im hohlen Stengelquerschnitt führt zu hohen Strukturstabilitäten. Dabei handelt es sich auch bei diesem Wandmaterial um einen Kompositwerkstoff, bestehend aus verschiedenen Geweben, die in unterschiedlichsten Anordnungsgeometrien zu variablen mechanischen Eigenschaften führen.

Analog zu den bei Insekten und Spinnen verwendeten Rohrkonstruktionen gilt für alle Halme, dass der runde Querschnitt auch unter Biegung aufrechterhalten werden muss. Bei Ovalisierung oder Abflachung besteht die Gefahr des Einknickens der Rohrkonstruktion. Die notwendige Querschnittsresistenz wird auf unterschiedliche Art und Weise erreicht. So integrieren viele Gräser, z.B. alle Getreidearten, in bestimmten Abständen massive Scheibenelemente, so genannte Nodien (Knoten) in den Hohlstengel. Der Stengel wird dadurch über die Längsachse in aufeinander folgende Kompartimente gekammert. Beim Abbiegen des Halmes verhindern die Nodien eine Ovalisierung des Querschnitts. Allerdings sind diese Massivelemente materialaufwendig und somit in der Biosynthese energetisch »teuer«.

Einigen Gräsern ist es gelungen, auf diese energetische Mehrbelastung zu verzichten. Sie bilden keine Nodien aus und sind dennoch formstabil. Hierzu gehört z. B. das Pfeifengras, das seinen Namen seiner früheren Verwendung verdankt. Der stabile, knotenlose Halm wurde als Pfeifenreiniger verwendet.

Mikroskopische Analysen des Halmquerschnitts zeigen deutlich, dass die hohe Stabilität des Grashalms durch eine ausgefeilte Gewebeanordnung zustande kommt. Der Pflanze gelingt es durch die spezielle Anordnung festigender und wasserreicher Gewebeanteile die physikalischen Eigenschaften des Wassers zur Erhöhung der Strukturstabilität zu verwenden. Wasser ist wie alle Flüssigkeiten inkompressibel, unter Druck bleibt also sein Volumen konstant. Kann das Wasser nicht ausweichen, weil das wasserreiche von strukturfestem Gewebe umgeben ist, wird bei Biegung des Halmes in den Wänden Druck aufgebaut. Die wasserreichen Gewebeanteile bleiben aufgrund der physikalischen Eigenschaften volumenkonstant und wirken so dem Druck entgegen. Halme dieses Konstruktionstyps reagieren auf Windbelastung deutlich biegesteifer als Halme, die keine interne Hydraulik aufzuweisen haben.

4.3 Stabilisierende Schäume und Knochenspongiosa

Diese Strukturschwäche wird allerdings bei vielen Arten durch leichtgewichtige Befüllung des Hohlraumes ausgeglichen. Insbesondere Binsen und Riedgräser verwenden schaumartige Füllungen, die zur Konservierung des runden Halmquerschnitts auch während der Bie-

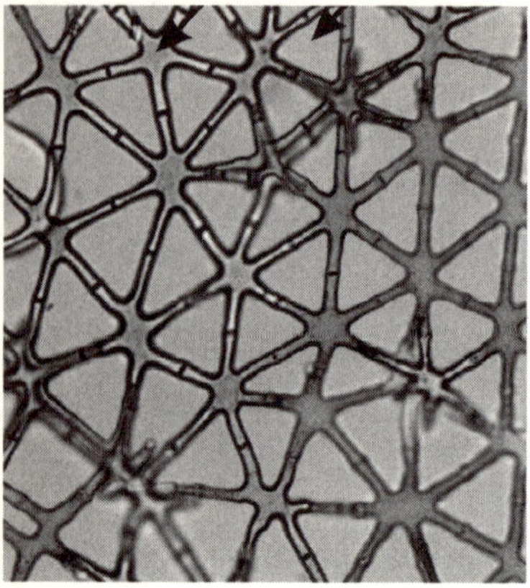

Vergrößerte Darstellung des »Füllschaums« bei Binsen. Das als Sternparenchym bezeichnete Gewebe besteht aus sternförmigen Zellkörpern und vergleichsweise großen Zellzwischenräumen.

gung dienen. Die hierzu ausgebildeten Zellen berühren ihre Nachbarn lediglich über dünne, mechanisch stabile Stege, dazwischen werden große Hohlräume ausgebildet. Die Verfüllung gleicht dadurch einem Montageschaum (PU-Schaum).

Das Konstruktionsprinzip »Füllschaum« lässt sich nicht nur bei Gräsern aufzeigen. Auch Gewebe, die zunächst völlig andere Aufgaben zu haben scheinen, folgen diesem Gewicht und Material sparenden Prinzip, auch hier verknüpft mit einer Röhrenkonstruktion. Die eigentlich eher massiv wirkenden Skelettknochen realisieren in der Tat beide Prinzipien, viele von ihnen sind hohl und werden daher auch als Röhrenknochen bezeichnet. Ihr Wandmaterial ist ebenfalls ein Kompositwerkstoff, bestehend aus unterschiedlichen Zell- und Materialtypen. Da ihnen jedoch die Faserkomponente fehlt, handelt es sich hier nicht um zug- sondern um druckoptimierte Strukturen. Die Interaktion der unterschiedlichen, teils mineralhaltigen Materialkomponenten verleiht dem Knochen eine hohe Festigkeit. Auch hier spielt Wasser eine entscheidende Rolle. Nicht nur das Knochenmark ist stark wasserhaltig, auch die Knochenspongiosa selbst enthält viel Wasser. Hierdurch wird eine entscheidende Dämpfung und

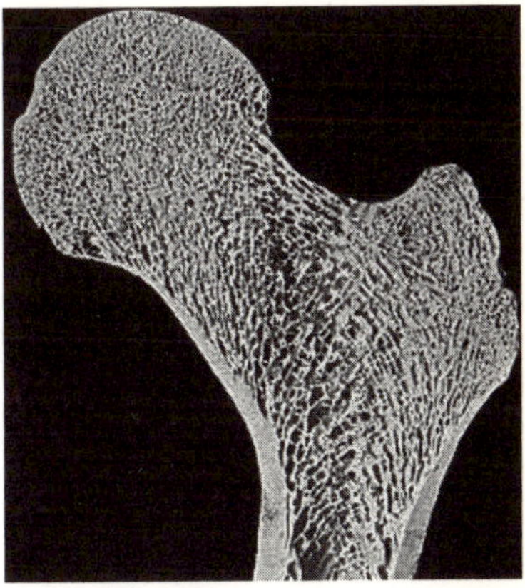

Der Querschnitt durch einen Oberschenkelkopf lässt die Knochenspongiosa deutlich erkennen. Die einzelnen Knochenbälkchen repräsentieren den Verlauf der Hauptspannungstrajektorien im System.

Schockabsorption der bei der Lokomotion auftretenden Impulse erreicht.

Neben Rohrkonstruktion und Wasseranteil finden sich bei Knochen zudem schaum- oder schwammartige Areale. Hier bilden so genannte Knochenbälkchen (Trabekel) den Hauptspannungsrichtungen folgende Materialanordnungen aus. Knochen sind druckbelastete Strukturen, der zur Materialanlagerung notwendige Reiz ist daher eine Druckspannung. Nur an den Stellen hoher Spannungen wird tatsächlich Material ausgebildet, spannungsneutrale Areale bleiben leer. Daraus ergibt sich die schwammartige Struktur, die einmal mehr der Einsparung von Material dient.

Auch im Bereich der Knochenkonstruktion zeigen flugfähige Organismen die weitreichendste Anpassung.

Vögel verwenden wie alle anderen Wirbeltiere Knochen als Stützkonstruktion. Bei effizientem Einsatz dieses vergleichsweise schweren Werkstoffs sind durchaus erhebliche Einsparpotentiale vorhanden. So ist das Ausbilden von Trabekeln bei Vögeln in fast allen Knochen beobachtbar. Sie sind zudem sehr dünn, bis hin zu ultradünn ausgebildeten Schädelkapseln. Zudem werden viele Knochen mit Luftsäcken gefüllt. Eine weitere Gewicht sparende Anpassung ist der Verzicht auf Zähne.

4.4 Hydrodynamische Formanpassung

Nicht minder deutlich wie bei den flugfähigen Formen sind die Designanpassungen im deutlich dichteren Medium Wasser. Die hohe Dichte des Wassers hat zwei Effekte. Zunächst spielt die Masse der Tiere eine deutlich reduzierte Rolle. Lebensformen wie Wale und Seebären wären sonst kaum erklärbar. Die meisten Körpergewebe haben eine Dichte, die in etwa der des Wassers entspricht. Daher müs-
S. 113 sen die Tiere keinen oder nur wenig aktiven **Auftrieb** erzeugen. Viele Formen reduzieren die zum Auftrieb nötige Energie zudem dadurch, dass sie gezielt »Auftriebsblasen« in das Körperinnere einlagern. So verfügen die meisten Fische über Schwimmblasen. Viele andere Organismen verwenden größere Ansammlungen von Ölen und Fetten zum gleichen Zweck. Auch das Öl hat eine geringere Dichte als Wasser, erzeugt in ihm also Auftrieb. Damit gelingt es fast allen Lebewesen, ungeachtet ihrer Größe im Wasser zu schweben und eine bestimmte vertikale Position ohne Energieaufwendung beizubehalten.

Das Schweben hat zusätzlich den Vorteil, dass die Organismen weder Energie zur Positionshaltung noch zur Aufrechterhaltung ihrer Körperstellung benötigen. Massive Knochengerüste, die es der angreifenden Muskulatur erlauben, hinreichend Kraft zu übertragen, um den Köper vom Untergrund zu stemmen, wie es bei terrestrisch lebenden Formen notwendig ist, werden hier nicht benötigt. Dadurch ist es möglich, das sowohl schwere wie in der Herstellung energetisch aufwendige Knochengewebe deutlich zu reduzieren. Viele aquatisch lebende Wirbeltiere haben daher ihr formgebendes Stützskelett auf ein Minimum reduziert.

Das dichtere Medium Wasser ist energetisch jedoch nur im Schwebezustand günstiger als das Medium Luft. Sobald sich die Organismen darin fortbewegen, müssen sie gegen die hohe Trägheit ankämpfen. Wie restriktiv die sich daraus ergebenden Konsequenzen für die Formgebung der Lebewesen sind, lässt sich daran ablesen, dass die unterschiedlichsten Lebewesen im Laufe der Evolution zu einer sehr ähnlichen Körperform gefunden haben. Das gilt insbesondere für die Hochgeschwindigkeitsschwimmer unter ihnen. So verschiedenartige Lebensformen wie Delphine, Pinguine, Haie, Thunfische und selbst die ausgestorbenen Ichthyosaurier haben eines gemeinsam: einen stromlinienförmigen Körperbau. Zudem lässt sich zeigen, dass diese Spindelformen alle mehr oder weniger gleich plump erscheinen, das heißt sie zeichnen sich nicht eben durch besondere Schlankheit aus. Tatsächlich lässt sich eine Relation Durchmesser:Länge von durchschnittlich 0,25 aufzeigen. Dabei markieren Thunfische mit 0,28 das obere Ende, während Wale mit 0,21 dagegen eher schlank ausfallen.

4.5 Der Widerstand

Hat das den Strömungskörper umgebende Medium die gleiche Dichte wie der Körper, so ist er wie dargestellt auftriebsneutral. Schwimmt z.B. ein Fisch im Wasser, muss er dabei lediglich den der Bewegungsrichtung entgegen wirkenden Widerstand überwinden. Dabei ist die Größe des Widerstands von mehreren Faktoren abhängig: der Dichte des Mediums, der Größe bzw. der Form des Strömungskörpers und der Strömungs- oder Bewegungsgeschwindigkeit. Hier gilt, je größer die Dichte, der Körper und/oder die Geschwindigkeit, desto größer ist der Widerstand. Der Gesamtwiderstand, den ein schwimmender Organismus bei der Fortbewegung überwinden muss, setzt sich aus drei Anteilen zusammen: dem Form-, dem Reibungs- und dem so genannten Induzierten Widerstand.

Die energetische Gesamtbilanz der Fortbewegung wird zunächst vom Formwiderstand beeinflusst. Das gilt sowohl für Lebewesen als

auch für technische Transportsysteme. Dabei ist der Widerstand von der Körperform bzw. dem Querschnitt eines Bewegungskörpers abhängig. Hier erweisen sich besagte spindelförmige Körper, so genannte Laminarspindeln, als besonders günstig. Durch ihre Geometrie kommt es zur Ausbildung einer charakteristischen Umströmung,
S. 109 die sich günstig auf das Verhalten der **Grenzschicht** auswirkt.

Dabei haben viele aquatisch lebende Organismen besondere Strukturen und Designs ausgebildet, um die begünstigende Wirkung der Laminarspindel noch zu verbessern. Untersuchungen an Pinguinen bzw. an Pinguin-Modellkörpern konnten zeigen, dass ein gleichmäßiger Anstieg des Querschnitts über die Längsachse des Körpers weniger günstig ist, als wenn hier einige charakteristische Querschnittssprünge vorhanden sind. Bei Pinguinen entstehen diese am Übergang vom Schnabel zum Kopf und am Übergang vom Kopf zum Rumpf. Die deutlichen Absätze in der ansonsten eher fließenden Form des Tierkörpers wirken sich erkennbar positiv auf dessen Verlustbilanz aus.

Der Reibungs- oder Oberflächenwiderstand gehört zu den Phänomenen, die sich in der Grenzschicht ereignen. Dabei repräsentieren die Reibungsverluste mit ca. 50 % einen erheblichen Anteil am Gesamtwiderstand eines sich bewegenden Objektes. Es ist also nicht verwunderlich, dass reibungsminimierende Effekte oder Strukturen von großem Interesse sind, und zwar bei biologischen wie technischen Konstruktionen gleichermaßen. Wie bei den Betrachtungen von Funktionsoberflächen bereits thematisiert, lassen sich solche Effekte z. B. durch die Mikrostrukturen wie sie bei der Haihaut gefunden werden, induzieren. Die vorhandenen Mikrorauigkeiten reduzieren die Reibungsverluste in der Grenzschicht.

Die dritte Widerstandskomponente, der Induzierte Widerstand, entsteht überall dort, wo Lebewesen wie technische Objekte nicht rein rotationssymmetrisch sind, sondern zusätzlich seitliche Elemente wie z. B. Flossen oder Flügel aufweisen. An deren Spitzen entste-

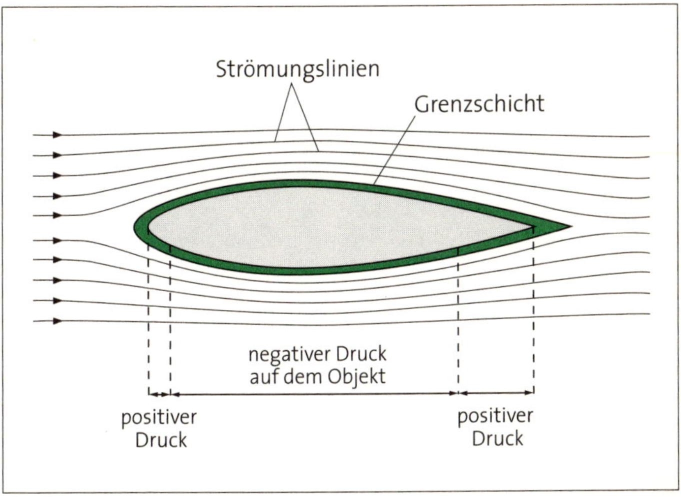

Umströmungsverhältnisse an einer Laminarspindel. Im vorderen wie im hinteren Bereich treten positive Drücke auf, im mittleren dagegen negative. Hier herrscht somit Unterdruck am Objekt.

hen durch die Umströmung bedingte Wirbelzöpfe, die zusätzlichen Widerstand erzeugen. Auch hier haben biologische Organismen im Laufe der Evolution Strukturen zur Vermeidung oder doch wenigstens zur Reduktion dieser Widerstandskomponente entwickelt. Um den induzierten Widerstand möglichst gering zu halten, existieren prinzipiell zwei unterschiedliche Strategien: Die seitlichen Strukturen sind sehr dünn und lang gestreckt oder sie fächern sich an ihrem Ende in mehrere kleine Strukturen auf.

Beide Versionen sind bei Tieren realisiert worden. So lässt sich eine Reduktion der flügelspitzeninduzierten Widerstände durch schmale, lang gestreckte Flügel etwa bei Mauerseglern oder Albatrossen finden. Beide verbringen nahezu ihr gesamtes Leben in der Luft und landen nur zur Brutsaison. Sie sind also extrem an die aerodynamischen Anforderungen angepasst.

Links: Tauchende Pinguine, auch ihre Körperformen nähern sich einer Laminarspindel an, entsprechend lassen sich analoge Druckverhältnisse erwarten. In den Unterdruckbereichen kann im Gefieder vorhandene Luft entweichen und zur Reibungsverminderung führen.

Rechts: Luftschiffmodell der Firma FESTO. Dieser Flugkörper ahmt die Geometrie eines Pinguins insbesondere im Frontbereich nach. Analog sind die Querschnittssprünge der Laminarspindel aufgeprägt.

Dagegen ist die Variante der Aufspreizung auf mehrere Flügelenden insbesondere bei Thermikseglern, wie etwa Raubvögeln, realisiert. Hier wird an den Flügelspitzen nicht eine große Wirbelschleppe ausgebildet, sondern an jeder einzelnen Feder löst sich ein kleiner Wirbelzopf. Diese erreichen in der Summe jedoch nicht die gleichen Widerstandswerte wie ein einzelner großer Wirbel.

Technische Fluggeräte verwenden ebenfalls beide Strategien, auch hier finden sich lange schmale Flügel, z. B. bei Segelflugzeugen, und modifizierte Flügelenden bei plumperen Flugzeugmodellen wie bei den üblichen Verkehrsflugzeugen. Letztere reduzieren den induzierten Widerstand durch die Applikation so genannter Winglets an den Flügelspitzen. Nach oben abgebogene oder nach oben und unten gleichermaßen aufgespreizte Flügelenden reduzieren hier diesen Widerstandsanteil.

Die Reduktion der an den Flügelspitzen induzierten Wirbelschleppen ist im Luftfahrtbetrieb in mehrerlei Hinsicht interessant. So wirkt sich die Reduktion des Widerstandes zunächst günstig auf den Treibstoffverbrauch aus. Weiterhin beeinflussen kleinere Wirbelzöpfe aber auch die Startfrequenzen auf den Startbahnen. Je größer die durch Wirbelschleppen verursachten Turbulenzen sind, die durch ein startendes Flugzeug in Bodennähe verursacht werden, desto länger ist die Wartezeit zwischen zwei Starts. Insbesondere kleinere Flugzeuge können durch die Turbulenzen einer vorausfliegenden großen Maschine stark beeinträchtigt werden. Da Start und Landung nach wie vor zu den kritischen Flugmanövern zählen, müssen aus Sicherheitsgründen immer hinreichende Wartezeiten bis zur Auflösung der Wirbelsysteme eingehalten werden.

4.6 Simulierte Formoptimierung, CAO und SKO

Wahrscheinlich lässt sich der Zwang zur Selbstoptimierung biologischer Strukturen nirgendwo so deutlich aufzeigen wie beim adaptiven Wachstum tragender Strukturen, seien es die Knochen der Wirbeltiere oder die Holzkonstruktionen der Bäume. Optimierungsverfahren setzen allerdings neben den Optimierungskriterien, den Zielvorgaben, auch Kontrollinstrumente oder doch zumindest Signale oder Informationen zur Annäherung an besagte Zielvorgaben voraus. Bei Bäumen und Knochen sind diese Signale die internen Spannungen. Interne Rezeptoren registrieren Spannungskonzentrationen und induzieren Reaktionen im System, die zur Aufhebung dieser Spannungsmaxima führen. Beide Systeme, Knochen wie Bäume, reagieren auf Spannungsüberhöhung mit der Anlagerung zusätzlicher Materie. Knochen verfügen darüber hinaus über die Fähigkeit, überflüssiges Material wieder abzubauen, die Form also dynamisch an die Belastungen anzupassen, wenn auch mit etwas Zeitverzögerung.

Damit reagieren sie auf die Forderung, dass das Gesamtsystem mit der jeweiligen Masse auch noch zur Fortbewegung befähigt bleiben muss und diese energetisch ohnehin aufwendige Fortbewegung nicht aufgrund überflüssig hoher Masse zusätzlich belastet wird.

Dieses Prinzip, Spannungskonzentrationen durch gezielte Materialanlagerung auszugleichen bzw. überflüssige Materialien wieder »einzuschmelzen«, hat längst Einzug in simulationstechnische Konstruktionsverfahren gehalten. In der Tat handelt es sich hierbei um ein Beispiel bionischer Übertragung von Befunden in die Technik par excellence. Nicht die Konstruktion selbst ist hierbei Vorbild, sondern das Konstruktionsprinzip. Entsprechend geht das Einsatzspektrum dieser Methode weit über die in der Natur auffindbaren Konstruktionen hinaus. Jedes beliebige Bauteil lässt sich unter Verwendung des Verfahrens hinsichtlich seiner Form optimieren, soweit die im Einsatz auftretenden Belastungen exakt bekannt sind.

Grundlage der Methode sind Simulationsverfahren, wie sie im Bereich der Ingenieurwissenschaften seit langem zur Strukturanalyse eingesetzt werden. Diese Finite Element Methoden (FEM) werden verwendet, um potenzielle Strukturverformungen der Spannungszustände unter definierten Belastungssituationen in einem Bauteil oder einem ganzen Bauteilsystem virtuell zu analysieren. Der große Vorteil dieser Simulationsmethoden liegt in der Möglichkeit, eine Vielzahl unterschiedlichster Bauteilgeometrien und Werkstoffe virtuell miteinander im »Test« vergleichen zu können, ohne in kosten- wie zeitaufwendige Experimente investieren zu müssen.

In der Erweiterung des Verfahrens, der Computer Aided Optimization (CAO), lassen sich spannungsinduzierte Wachstumsanalogien simulieren. Hohe Spannungsbereiche werden dabei verstärkt, sie »wachsen«. Hier ist demnach das bei Bäumen beobachtbare Prinzip realisiert.

Um die Fähigkeit des Knochens, überflüssiges Material resorbieren zu können, zu realisieren, wird das CAO-Verfahren um ein Weiteres ergänzt: die Soft Kill Option (SKO). Hier werden Gebiete niedriger Spannung eliminiert, das Material wird zu Gunsten der Gesamtbilanz »resorbiert«. Das Resultat aus CAO und SKO sind belastungsoptimierte Geometrien minimaler Masse, Leichtbaukonstruktionen vergleichbar denen in der Natur.

Beide Verfahren sind zunächst nur dazu geeignet, homogene wie isotrope, also in allen Raumrichtungen gleich reagierende Materialien simulationstechnisch zu erfassen. Wie bereits angedeutet, realisiert die belebte Natur ihre Konstruktionen jedoch meist unter Verwendung von Kompositwerkstoffen. Durch das Hinzuziehen von Computer Aided Internal Optimization (CAIO) lassen sich auch die Faserverläufe in Kompositwerkstoffen adäquat simulieren. CAO, SKO und CAIO liefern somit Verfahren, die zu »naturnahen« Konstruktionsvorschlägen führen.

4.7 Evolutionäre Algorithmen

Neben diesen numerischen Simulationsverfahren existieren weitere an biologischen Verfahren orientierte Optimierungsverfahren, die als evolutionäre Algorithmen bezeichnet werden. Diese Verfahren orientieren sich an der Beobachtung, dass die Natur offensichtlich nicht nur in der Lage ist, existierende Organismen hinsichtlich des Materialaufwandes zu optimieren, sondern darüber hinaus auch den zugrunde liegenden Bauplan, die genetische Information, zu variieren. Während die beschriebene Formoptimierung jeweils am Einzelorganismus angreift, wirkt sich die Manipulation der genetischen Information auf die gesamte Spezies aus. Es ist mithin nicht das Individuum, sondern die Population betroffen.

Die identifizierten Prinzipien der biologischen Evolution erscheinen bestechend einfach: Mutation, Rekombination und Selektion sind die Mechanismen, die zu neuen Bauplänen führen.

Entsprechend greifen die Simulationsverfahren der genetischen Algorithmen auf diese Elemente zurück. Dabei handelt es sich bei diesen Algorithmen um Optimierungsverfahren, die eine Lösung zu einem Problem finden, indem sie »Lösungsvorschläge« so lange verändern und miteinander neu kombinieren, bis einer dieser Vorschläge zu den Anforderungen passt, das Optimum gefunden wurde. Während das Verfahren der genetischen Algorithmen in seiner Leistungsfähigkeit hinsichtlich der Lösungsfindung noch relativ eingeschränkt ist, lassen sich mit der Evolutionsstrategie deutlich weitere wie komplexere Suchräume bearbeiten. Die Vorgehensweise orientiert sich an der biologischen Evolution, auch die Begrifflichkeit wurde zumindest teilweise übernommen. Start des Verfahrens ist die Initialisierung, bei der nach einem Zufallsverfahren eine unterschiedliche Anzahl von Individuen generiert wird. Daraus wird im nächsten Schritt, der Selektion, ein oder mehrere Elter zufällig ausgewählt. In der Rekombination werden aus einem oder mehreren Elter ein oder mehrere Nachkommen generiert, die während der Mutation eine Veränderung erfahren. Mit Hilfe einer entsprechenden Funktion wird die Fitness der Individuen bewertet und über deren Verbleib in der Population entschieden. Die »best fitness«-Individuen bilden die nächste Generation und der Prozess tritt erneut in die Selektionsphase ein.

Die Stärke dieser Verfahren ist die Vermeidung von Lösungsvorschlägen, die lediglich einem lokalen Zwischenoptimum, also lediglich einer vermeintlich besten Lösung entsprechen. Durch die Variation der jeweiligen Schrittweite bei der Mutation lassen sich diese Zwischenoptima von den tatsächlichen Optima differenzieren. Allerdings ist die Festlegung dieser Schrittweite nach wie vor ein Problem, da generalisierbare Festlegungen nicht sinnvoll sind. Der Nachteil dieser Optimierungsverfahren liegt in der Rechenaufwendigkeit. Einfache Probleme lassen sich daher effizienter mit herkömmlichen Optimierungsverfahren lösen. Die Natur macht diesen Nachteil einfach durch ihr enormes Zeitbudget wett. Bei Entwicklungszeiten von mehreren Milliarden Jahren spielt die Anzahl der zu absolvierenden Zwischenschritte auf der Suche nach der optimalen Anpassung keine erhebliche Rolle mehr.

5 ZU LANDE, ZU WASSER UND IN DER LUFT

Die Möglichkeit zur Fortbewegung, zur Lokomotion, gehört zu den wichtigsten Innovationen, die die biologische Evolution hervorgebracht hat. Diese Fähigkeit, sich von einem Ort zum anderen zu bewegen, um so z. B. Feinden oder sich verschlechternden Lebensbedingungen auszuweichen oder aber, um Beute zu machen und um neue Lebensräume zu erobern, ist in der Evolution der Lebewesen so oft unabhängig voneinander entwickelt worden, dass sie zu den entscheidenden Überlebensvorteilen im Kampf ums Dasein gehören muss.

Lassen wir uns hier nicht täuschen, zur Fortbewegung sind nicht nur Tiere befähigt. Auch Pflanzen beherrschen diese Fähigkeit. Wenn auch nicht die einzelnen Individuen, die sich fest im Boden verankern, so doch die jeweiligen Populationen. Unter günstigen Umweltbedingungen breiten sie sich von Generation zu Generation kontinuierlich aus. Pflanzen haben seit dem Landgang dieser Lebensformen vor über 400 Millionen Jahren auf diese Weise alle Habitate der Erde erreicht. Von den Hochgebirgen bis zu den Sand- und Eiswüsten finden sich pflanzliche Organismen. Zwar besiedeln sie die ausgedehnten Eisflächen z. B. der Polregionen nicht direkt, aber überall dort, wo das Eis zurückweicht, folgen ihm die Pflanzen quasi auf dem Fuß. Die Fortbewegungsstrategie der Pflanzen ist erkennbar anders als die der Tiere, erfolgreich sind sie beide. Tiere wie Pflanzen haben alle erdenklichen Areale des Globus erreicht und bevölkert.

Dennoch faszinieren tierische Lokomotionsformen deutlich stärker, was darin begründet sein mag, dass diese Bewegungen auf einer eher erfassbaren Zeitskala stattfinden. Der Sprint des Gepards, die Luftakrobatik der Mauersegler oder der scheinbar mühelose Sprung des Delphins beeindrucken durch Eleganz wie Effizienz gleichermaßen. Letztere zu erforschen und die Befunde zu verwerten ist Gegenstand der Bionik. Sich von der Eleganz weiterhin beeindrucken zu lassen, schadet dabei jedoch keineswegs.

5.1 Der molekulare Motor

Vom Einzeller bis zum Blauwal, übrigens ein Größenfaktor von 100 Millionen, setzen Tiere zur Fortbewegung die unterschiedlichsten Strategien ein: Kriechen, Laufen, Springen, Schwimmen, Fliegen. Sie bewegen sich auf und in den unterschiedlichsten Medien und verwenden die verschiedenartigsten Körperanhänge und -formen.

Allen gemeinsam ist die Verwendung von Muskeln bzw. kontraktilen Elementen als Antrieb. Einmal mehr zeigen detaillierte Betrachtungen, dass es sich hierbei um Funktionsproteine handelt. Biologische Motoren und Aktuatoren bestehen aus Aktin und Myosin, diese werden in Sarkomeren zu Funktionseinheiten zusammengeschlossen, welche sich wiederum in Muskelfibrillen zu höheren Organisationseinheiten zusammenschließen.

Bei der Muskelkontraktion wird der makroskopisch sichtbare Muskel verkürzt, dabei schieben sich seine nanoskopischen Funktionsbausteine Aktin und Myosin aneinander vorbei. Die Moleküle bleiben in ihrer Geometrie währenddessen unverändert, lediglich ihre Position zueinander ändert sich.

Diese Gleitbewegung erfolgt unter Energieverbrauch, wobei die Effizienz der in die Bewegung investierten chemischen Energie bzw. des Leistungsinputs in Form von ATP und der als mechanische Energie bzw. Leistung erzielte Output mit ca. 25 bis 30 % beziffert wird. Damit liegt der Wirkungsgrad der Muskulatur, das Verhältnis von abgegebener zu aufgenommener Leistung, in etwa in dem Bereich, wie er aktuell von modernen Ottomotoren ereicht werden kann. Die verbleibenden 70 bis 75 % gehen in Form von Abwärme verloren, das gilt für die Muskelmotoren ebenso wie für die technischen. Beide Systeme stehen vor dem Problem, die Wärme abtransportieren zu müssen. Bei den Hochleistungsmotoren, den tierischen wie den technischen, hat sich jeweils die Wasserkühlung durchgesetzt. Vögel und Säugetiere erreichen die Wärmeabfuhr über das Blut.

Nicht immer führt die Muskelkontraktion zur Fortbewegung. Neben einer Reihe unterschiedlicher interner Kontraktionsbewegungen, wie etwa im Verdauungssystem und beim Herzschlag, kann die Muskulatur auch eine Positionsänderung des Körpers im Raum oder Änderung der Winkelstellungen zwischen einzelnen Elementen oder Extremitäten hervorrufen, ohne dass der Organismus seine Position verlässt. Die Lokomotion der Tiere, die Bewegung von einem Ort zum anderen, erfolgt durch eine rhythmische Kontraktion entgegengesetzt wirkender Muskeln, so genannte Antagonisten. Dabei kann die Lokomotionsmuskulatur an den unterschiedlichsten Körperstellen ansetzen. So ist zur Erzeugung einer schlängelnden Bewegung, wie etwa bei Fischen, eine seitliche Rumpfmuskulatur notwendig. Bei Tieren, die über Beine oder Flügel verfügen, setzen die Muskeln an diesen Bewegungselementen an. Eine Ausnahme hierzu bilden die Flügel der Insekten. Diese werden indirekt über Verformungen des Außenskeletts bewegt, wobei diese Verformungen wiederum durch entsprechende Muskeln im Inneren des Körpers erreicht werden.

In allen Bereichen der Lokomotion, beim Laufen, Schwimmen wie Fliegen, sind vielfältige Bewegungsmuster und Gangarten ausgebildet worden. Jeweils oberstes Kriterium ist immer, eine möglichst hohe Effizienz zu erreichen. Diese ist neben dem Wirkungsgrad des Muskelmotors von weiteren Faktoren abhängig. Insbesondere wirkt sich das Körpergewicht der Organismen, also die zu transportierende Masse, aus. Dies ist speziell beim Fliegen der Fall. Nicht minder ausschlaggebend für das Gesamtenergiebudget ist aber auch die Koordination der Aktivität der beteiligten Muskeln bzw. Extremitäten. Hier ist ein exaktes Timing notwendig, was ausgeklügelter Kontroll- und Steuermechanismen bedarf.

Prinzipiell verfügen fast alle Tiere über die Möglichkeit, neben einer reinen Ausdauerbewegung auch eine Sprint- oder Beschleunigungsbewegung auszuführen. Für beide Bewegungsarten existieren unterschiedliche Muskelfasertypen. Während die Ausdauerbewegungen durch die Verkürzung der so genannten »roten Muskulatur« erreicht werden, erfolgt beim Sprint eine Aktivierung weißer Muskelfasern. Die Bezeichnung folgt der Beobachtung, dass rote Muskelfasern deutlich stärker mit Blutkapillaren versorgt werden. Dadurch werden die im Ausdauerbetrieb notwendige Energie sowie der ebenfalls unentbehrliche Sauerstoff bereitgestellt. Weiße Muskulatur hingegen »verbrennt« bei der Aktivierung die in den Fasern gespeicherten Energiereserven. Sind diese verbraucht, was bei Maximalkrafterzeugung in wenigen Sekundenbruchteilen erfolgen kann, so ist der Muskel erschöpft und kann keine weitere Arbeit leisten.

5.2 Terrestrische Lokomotion

Muskelkraft ist nicht nur für die reine Fortbewegung notwendig, sie wird auch benötigt, um ein Lebewesen z. B. aufrecht stehen zu lassen. Erschlafft diese Haltemuskulatur, so sinkt der Organismus im Allgemeinen in sich zusammen, erst unter erneuter Kontraktion richtet er sich auf und ist unter Hinzuziehen der Antriebsmuskulatur in der Lage, sich fortzubewegen. Das gilt in erster Linie für landlebende Tiere und ist bei Wirbeltieren erkennbar stärker ausgeprägt als bei Insekten. Für Wirbeltiere gilt denn auch, dass ein durchaus relevanter Anteil am Gesamtenergiebedarf alleine für das aufrechte Stehen verwendet werden muss.

Je nach Konstruktion ist das Hochstemmen vom Boden sogar sehr kraft- und damit energieaufwendig. Das gilt z. B. für Krokodile, bei deren Skelettkonstruktion der Körper zwischen den seitlich ansetzenden Beinen aufgehängt ist. Will sich das Tier vom Boden abheben, so sind hier große Zugkräfte notwendig. Erkennbar weiter entwickelt ist die Stützkonstruktion der Säugetiere. Im Laufe ihrer Entwicklungsgeschichte wanderten die Beine von der seitlichen Position aus unter den Rumpf, der nun durch einfaches Aufliegen gehalten werden kann. Zwar sind immer noch Haltekräfte notwendig, diese sind aber deutlich geringer als bei der »Reptilien-Konstruktion«. Der Bauplan der Säugetiere offeriert neben der günstigeren Standmechanik auch die Möglichkeit, bei gleichem Grundkonzept eine unübersehbare Vielzahl unterschiedlichster Fortbewegungsformen zu generieren.

Zudem verfügen nahezu alle Tiere über unterschiedliche Gangarten, die in Abhängigkeit von der jeweiligen Geschwindigkeit gewechselt werden und damit zum Energiesparen beitragen. So ist ab einer bestimmten Mindestgeschwindigkeit Laufen energetisch sinnvoller als Gehen; entsprechend wechseln die Organismen an diesem Punkt die Gangart. Während beim Gehen immer mindestens ein Bein den Boden berührt, nutzen die Tiere die beim Laufen auftretenden Flugphasen aus. Viele Säuger verfügen dabei sogar über mehr als zwei Gangarten, sie gehen, traben oder galoppieren, je nach dem, wie hoch ihre Geschwindigkeit ist. Die Spezialisten unter ihnen erreichen im Hochgeschwindigkeitsbereich dabei erstaunliche Flugstrecken. Unübertroffen sind dabei wohl Kängurus, die zunächst auf allen Vieren hoppeln, sich mit zunehmender Geschwindigkeit aber aufrichten und auf 2 Beinen hüpfen. Sind die Tiere auf der Flucht, so sprinten sie mit deutlich über 60 km/h und legen dabei in den Flugphasen bis zu 10 Meter zurück. Da die Tiere diese Geschwindigkeit scheinbar mühelos über einen längeren Zeitraum aufrechterhalten können, scheint die Energiebilanz akzeptabel zu sein. Bereits vor längerer Zeit konnte gezeigt werden, dass der Trick hier in den mechanischen Eigenschaften des Sprungapparates der Hinterbeine, insbesondere in den langen Achillessehnen begründet liegt. Mit jeder Landung werden diese gedehnt und geben die Dehnung aufgrund ihrer elastischen Materialeigenschaften beim Absprung wieder an das System zurück.

Dieser Energiesparmechanismus hat zwischenzeitlich zu einigen zumindest amüsanten technischen Übertragungen geführt. So haben beispielsweise analoge Systeme und Mechanismen Einzug in den Sportgerätesektor gefunden: »Kangaroo-Boots« erlauben die Fortbewegung à la Känguru.

Neben den vierfüßigen Fortbewegungsarten sind im Bereich der technischen Nutzung auch alle 6-, 8- und mehrbeinigen Konstruktionen im Fokus des Interesses. Die Untersuchungen dienen hier dem Verständnis wie der Lösungsfindung gleichermaßen. Viele mehrbeinige Laufroboter orientieren sich nicht zuletzt in der Art und Weise der Beinkoordination sowie der Orientierung im Raum und der Navigation an biologischen Vorlagen. Vermutlich ist es insbesondere der Bereich der Robotik, der zukünftig vom Innovationspotenzial der Bionik profitieren dürfte.

5.3 Aquatische Lokomotion

Allerdings existieren interessante Fortbewegungsstrategien nicht nur an Land, auch im aquatischen Milieu ist das Anwendungspotenzial nicht unerheblich.

Orientiert man sich auf einer Größenskala sehr weit links, dann fängt die Fortbewegung im Wasser mit den einzelligen, meist durch Geißeln oder Wimpern angetriebenen Organismen an. Gut untersucht ist der Antriebsmechanismus der Bakteriengeißel. Ihre schraubenförmige Bewegung ermöglicht es dem Bakterium, sich durch das Medium vorwärts zu bewegen. Hier lässt sich auch mit dem Irrtum aufräumen, die Natur habe das Rad niemals erfunden. Die Bakteriengeißel bzw. deren Verankerung in der Zellwand entspricht in allen Konstruktionsmerkmalen denen eines technischen Rades. In der Tat ist die Bewegung der fadenförmigen Geißel eine reine Rotation um die Längsachse. Diese ist möglich, weil keine Versorgungsgefäße oder Nervenfasern in die Antriebseinheit entsandt werden müssen.

Die Bewegungsenergie wird an der Basis in der Zellmembran bereitgestellt und die Bewegung ist streng genommen unkontrolliert. Sie erfolgt so lange, wie hinreichend Energie bereitgestellt wird. Sind die Speicher leer, ruht das System bis zur Regeneration.

Zum Studium der mehrzelligen, aktiv schwimmenden Organismen stehen alleine bei den Fischen über 20 000 Spezies mit ebenso vielen spezifischen Antriebsarten zur Verfügung. Bereits vor geraumer Zeit wurde versucht, diese unterschiedlichen Fortbewegungsarten wenigstens grob zu klassifizieren, um die grundlegenden Antriebsprinzipien differenzieren zu können.

Diese Bemühungen haben ihren Ursprung in der Beobachtung, dass Fische scheinbar mühelos durch das ansonsten zur Fortbewegung so ungeeignet erscheinende Medium Wasser zu gleiten vermögen. Sie entwickeln dabei gute Manövrierbarkeit, hohe Geschwindigkeit oder enorme Beschleunigungswerte, je nach Anforderung der jeweils besiedelten ökologischen Nische.

Tatsächlich ergeben sich hier die vielfältigsten Inspirationen für technische Anwendungen. Seit Jahren werden kleinere Tauchboote nach Fisch-Vorbild, zumindest hinsichtlich grobmorphologischer Ähnlichkeiten, konstruiert. Solange diese von Bord eines Begleitfahrzeuges aus sowohl extern gesteuert als auch mit der nötigen Betriebsenergie versorgt wurden, war das Interesse jedoch lediglich gering.

Neue Einsatzspektren lassen jedoch zunehmend den Wunsch nach autonom agierenden Unterwasserfahrzeugen laut werden. Zudem lassen sich dadurch die Kosten zum Betreiben sowohl des Tauchboots als auch des Begleitschiffs reduzieren, denn auf Letzteres kann dann einfach verzichtet werden. Das bedeutet allerdings, dass die Unterwassereinheit als AUV (Autonomes Unterwasser-Vehikel) konstruiert werden muss. AUVs eröffnen neben einer drastischen Kostenreduktion neue Einsatzgebiete, etwa in Küstenregionen mit ausgedehnten Untiefen, die für Schiffe kaum passierbar sind, oder auch unter den ausgedehnten Eisfeldern der Polkappen.

Technisch lassen sich die Anforderungen an ein solches selbständig agierendes Tauchboot in Bereichen wie etwa der onboard-Kontrolle, der Datenaufnahme wie Speicherung sowie einer programmierten Zielansteuerung und Navigation, durchaus realisieren. Der kritischste Punkt ist hierbei jedoch nach wie vor die Energieversorgung. Die Leistung selbst aktueller Hochleistungsakkus ist nicht hinreichend, um neben den vielfältigen Funktionen wie Umweldatenerfassung, deren Speicherung und Versand, der Navigation etc. zusätzlich auch die Antriebs- und Steuereinheiten des AUVs hinlänglich lange versorgen zu können. Neben der kontinuierlichen Weiterentwicklung der Energiespeichereinheiten wird parallel nach Energiesparpotenzialen gesucht. Biologische Pendants liefern hierzu einmal mehr Lösungsvorschläge.

5.4 Der richtige Schwanzschlag

Die hohe Dichte des Mediums macht Fortbewegung unter Wasser energetisch enorm aufwendig, insbesondere im Hochgeschwindigkeitsbereich. Tier wie Technik sind daher jedes Mittel willkommen, um diese hohen energetischen Ausgaben so gering wie möglich zu halten. Stark schematisiert handelt es sich bei Fischen, mehr oder minder deutlich ausgeprägt, um Laminarspindeln, die über eine Reihe von seitlichen Steuerelementen, die Brust-, Bauch- und Rückenflossen, sowie über eine endständige Antriebseinheit, die Schwanzflosse, verfügen. Insbesondere dieser Antriebseinheit gilt das Interesse bei der Konstruktion der beschriebenen Unterwasserfahrzeuge.

Die Analyse biologischer Konstruktionen zeigt zunächst deutlich, dass keine starren Antriebseinheiten verwendet werden. Vielmehr sind alle von Fischen verwendeten Vortriebsstrukturen elastisch. Dabei ist diese Elastizität durchaus unterschiedlich und kann bei einigen Formen, je nach Schwimmstil, in Abhängigkeit von der Geschwindigkeit variiert werden.

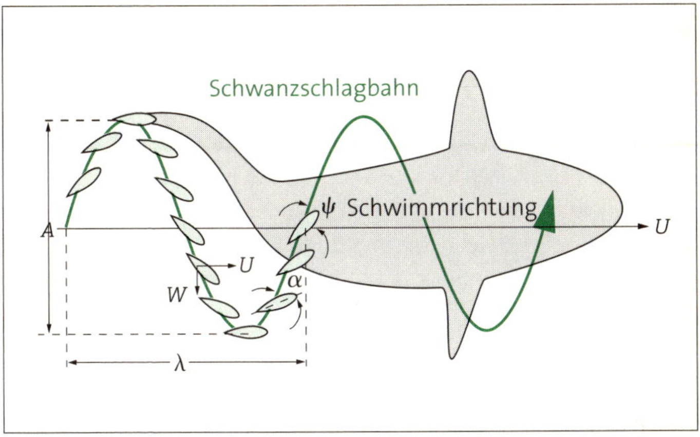

An der Umrisslinie eines schwimmenden Fischs sind die Schlagbahn der Schwanzflosse, die Vortriebs- (*U*) und Seitkraftvektoren (*W*), die Amplitude der Schlagbahn (*A*) sowie der jeweilige Anstellwinkel (α) der Flosse auf der Schlagbahn abgezeichnet.

Prinzipiell schwimmen die meisten Fische durch seitliches, alternierendes Ausschlagen der Schwanzflosse, den Schwanzschlag. Hiermit sind die Gemeinsamkeiten dann aber auch schon erschöpft. In Abhängigkeit von den jeweiligen Anforderungen, denen ein Fisch über das Schwimmen hinaus auch noch gerecht werden muss, werden bei diesem Schwanzschlag unterschiedlich große Anteile des Körpers eingesetzt. Aal und Thunfisch markieren die beiden Extremwerte der Körperbeteiligung. Während der Aal den kompletten Körper verwendet und sich durchs Wasser schlängelt, reduziert der Thunfisch diese Bewegung tatsächlich auf Schwanzstiel und Schwanzflosse, der Körper des Tieres bleibt steif. Diese beiden Bewegungsarten werden als Undulation (Aal) und Oszillation (Thunfisch) bezeichnet. Zwischen diesen beiden Formen lassen sich die Schwimmstile der meisten Fische einordnen.

Demnach erfolgt die Vortriebserzeugung dadurch, dass Fische neben der reinen Schwanzbewegung zusätzlich eine Undulationswelle des Körpers der Bewegung aufprägen. Diese Welle wandert über die Längsachse des Tiers nach hinten. Bei dieser Körperpassage werden die seitlichen Auslenkungen der jeweiligen Körperposition immer größer, das Maximum wird am Ende der Schwanzflosse erreicht. Ihre Bahn markiert die maximale Amplitude der Schlagbewegung. Je größer die an der Bewegung beteiligten Anteile des Körpers sind, desto mehr ist dieser auch an der Erzeugung des Vortriebs beteiligt.

Fische bewegen sich durch das Wasser vorwärts, indem sie Wirbelsysteme nach hinten abstoßen. Diese Wirbelsysteme werden nicht am Schwanz gebildet, sondern an der Körperstelle initiiert, die vom Kopf des Tieres her gesehen mit der seitlichen Bewegung beginnt. Von dort an werden die Wirbel nach hinten quasi aufgerollt und schließlich am Ende der Schwanzflosse »abgeschlagen«. Da die Tiere sich seitlich abwechselnd bewegen, haben auch diese Wirbel eine abwechselnde Drehrichtung. Mit jeder Maximalauslenkung des Schwanzes wird ein Wirbel abgelöst. Durch die Vorwärtsbewegung des Tieres »stehen« diese im Nachlauf seitlich versetzt hintereinander und erinnern in der Aufsicht an Leiterstufen, sie werden als Karmann'sche Wirbelstraße bezeichnet. Tatsächlich sind das die Elemente, an denen sich die Tiere quasi abstoßen und durchs Wasser vorwärts bewegen.

5.5 Highspeed unter Wasser

Die erreichbare Schwimmgeschwindigkeit ist von unterschiedlichen Faktoren abhängig. In allen Fällen gilt, sie ist proportional zur bewegten Wassermenge und deren Geschwindigkeit. Weiterhin ist, wie bereits gezeigt, die Körperform ausschlaggebend. Je günstiger der Körperbau, desto geringer sind die widerstandsbedingten Verluste. Form und Eigenschaften der Schwanzflosse sind dabei nicht minder entscheidend. Hochgeschwindigkeitsschwimmer wie Thunfische haben neben dem nahezu perfekt spindelförmigen Körper kleine sichelartige Flossen. Das Flossenmaterial ist vergleichsweise steif, seine Eigenschaften lassen sich mit denen von PVC vergleichen. Zunächst erstaunt die Verwendung kleiner Flossenflächen, da dadurch pro Schlag lediglich eine kleine Wassermenge seitlich bewegt werden kann. Zumal der Körper bei der Bewegung starr bleibt, sich also nicht an der Erzeugung von Vortrieb beteiligt. Thunfische kompensieren die kleine Antriebsfläche durch hohe Schlagfrequenzen; hier sind Werte über 10 Hertz dokumentiert. Diese Frequenzen sind mit großen Flossenflächen aufgrund der Dichte des Mediums nicht möglich, das Tier müsste enorme Kräfte aufbringen. Zudem wäre ein sehr steifes Flossenmaterial zu fordern, das bei dem enormen Flächendruck nicht kollabiert.

Thunfische erreichen mit dieser Antriebsausstattung immerhin Geschwindigkeiten von über 60 km/h. Für die ihnen nah verwandten Schwertfische werden sogar Werte um 100 km/h angegeben. Dabei handelt es sich um die Reisegeschwindigkeit der Tiere, die Maximalwerte können durchaus höher liegen. Eine unglaubliche Leistung für die Fortbewegung unter Wasser. Zum Vergleich: Für die schnellen U-Boote der Alpha-Klasse werden Maximalgeschwindigkeiten von 80 km/h angegeben. Damit sind aber bereits die Spitzenwerte markiert. Zivile Tauchboote erreichen etwa ein Viertel dieser Geschwindigkeit. Thunfische und ihre Verwandtschaft ziehen demnach mühelos an den modernen Errungenschaften der Technik vorbei.

Auch unter den Haien finden sich einige schnelle Schwimmer, wenngleich sie nicht zu ganz so hohen Geschwindigkeiten befähigt sind. Dafür zeigen sie eine geschwindigkeitsabhängige Anpassung ihrer Körpersteifigkeit. Während im unteren Geschwindigkeitsbereich durchaus große Teile des Rumpfes an der lateralen Auslenkung und somit dem Vortrieb beteiligt sind, werden diese Anteile mit zunehmender Geschwindigkeit deutlich reduziert. Im Sprint ist der hintere Körperteil des Tieres deutlich versteift, der Antrieb wird auf Schwanzstiel und -flosse beschränkt.

Hochgeschwindigkeit ist allerdings nicht der alleinige Anpassungsfaktor, der sich auf die Form der Antriebseinheiten auswirkt. Haie sind enorm ausdauernd, einige Arten schwimmen unaufhörlich. Im Gegensatz zu Knochenfischen müssen viele Vertreter der Knorpelfische, um atmen zu können, kontinuierlich schwimmen. Den Tieren fehlt der Kiemendeckel, der es ihnen ermöglichen würde, im Maul einen Unterdruck zu erzeugen, um aktiv Wasser einsaugen und an den Kiemen vorbeiführen zu können. Da die Kiemenschlitze der Haie immer offen sind, kann ein ausreichender Wasserstrom um die Kiemen nur beim Schwimmen mit geöffnetem Maul erreicht werden.

Die hierbei entstehenden Strömungsphänomene sind aktuell ebenfalls Gegenstand von Untersuchungen. Das Interesse kommt hier allerdings eher aus dem Automobilbau. Da nicht nur umströmte Körper Reibungsverluste erzeugen, sondern auch durchströmte Systeme, muss auch das passive Durchströmungssystem der Haie möglichst widerstandsarm konzipiert sein. Ein analoges Problem ergibt sich bei den Einlässen im Kühler- und Bremsenbereich insbesondere bei Hochgeschwindigkeitsfahrzeugen. Auch hier entstehen durchaus markante Widerstände, die es zu minimieren gilt. Die kiemenartigen Kühlerschlitze bei einer für Hochgeschwindigkeit einschlägig bekannten Automobilmarke mögen in absehbarer Zeit vielleicht kein reines Designelement mehr sein.

Nicht nur das Meer hat Geschwindigkeitsspezialisten zu bieten, auch in Seen und Flüssen lassen sich Sprinter finden. Besonders beeindruckend sind hier die Beschleunigungsleistungen der Hechte. Hechte sind Raubfische, die im »Dickicht« von Wasserpflanzen oder sonstigem Sichtschutz auf Beute lauern. Ist diese ausgemacht, schießt das Tier aus seinem Versteck. Die hierbei erreichten Beschleunigungswerte sind enorm. Umgerechnet in die oftmals verwendete Darstellung der Beschleunigung über die Beziehung »von Null auf 100 km/h in x Sekunden« würde das Tier diese Marke nach 4,3 Sekunden erreichen – unter Wasser!

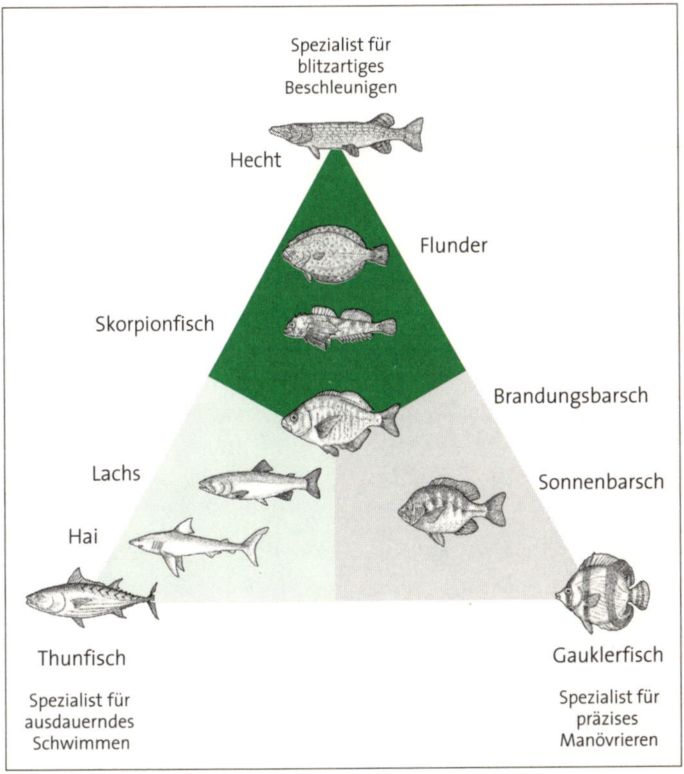

Die Darstellung visualisiert die drei Optimierungskriterien Geschwindigkeit, Beschleunigung und Manövrierbarkeit anhand der Körperform der Tiere. Zugewiesen werden die Spezialisten wie auch die zwischen den Maxima lokalisierten Generalisten.

Um diese imposante Beschleunigung zu erreichen, ist die gesamte zur Verfügung stehende Antriebsfläche der vertikal ausgerichteten Flossen extrem weit nach hinten verlagert. Neben der Schwanzflosse tragen so auch die Rücken- und Bauchflossen zum Antrieb bei. Zudem werden während des Sprints alle beteiligten Flossen maximal aufgespreizt. Allerdings kann der Hecht die hohen Werte nicht lange aufrechterhalten, was durch die Zusammensetzung seiner Muskulatur bedingt ist. Die Lokomotionsmuskulatur besteht zu 99 % aus weißer Muskulatur, die zwar zu enormen Sprintleistungen befähigt, aber kein Ausdauerpotenzial hat. Der Hecht kann seine Beute somit nicht verfolgen, schießt er vorbei, hat er kaum noch Aussicht auf Erfolg.

Die Aufzählung dieser Maximalleistungen täuscht darüber hinweg, dass nicht immer nur Geschwindigkeit bedeutsam ist. Nicht minder relevant und mit ebensolchen anatomischen Anpassungen verbunden ist eine hohe Manövrierfähigkeit. Spezialisten sind hier Riffbewohner, z. B. Korallenfische, die mit sparsamen Bewegungen kleinste Positionsänderungen erzielen. Hohe Silhouetten und großflächig ausgebildete, flexible Flossen, hier insbesondere die Brustflossen, zeichnen sie aus. Die Hauptantriebsflossen verlagern sich von hinten nach vorne. Die Aktivität der Brustflossen bestimmt die Bewegung.

Diese verschiedenartigen Lokomotionsmuster bzw. Schwimmstile der Tiere und die damit verbundenen Körper- und Flossenformen lassen sich als Dreieck zwischen den Optimierungskriterien Geschwindigkeit, Beschleunigung und Manövrierbarkeit aufspannen. Während die jeweiligen Eckpunkte durch Spezialisten besetzt sind, finden sich dazwischen Generalisten unterschiedlichen Typs, Fische, die zu unterschiedlichem Schwimmverhalten in Abhängigkeit von den jeweiligen Anforderungen befähigt sind. Alle sind potenzielle Vorbilder für technische Anwendungen, wobei diese Anwendungen nicht unbedingt auf den aquatischen Bereich beschränkt sein müssen. Schon einmal hat mit der Haihaut ein Produkt aus dem Meer seine Einsatzfähigkeit in anderen Medien unter Beweis gestellt.

5.6 In der Luft

Der Lebensraum Luft hat mit dem Wasser zumindest eines gemeinsam: die Bewegung findet im dreidimensionalen Raum statt und die

Organismen erzeugen bei der Bewegung durch das Fluid Widerstand. Damit sind die Gemeinsamkeiten allerdings nahezu erschöpft. Während im Wasser meist lediglich der Strömungswiderstand überwunden werden muss, kommt in der Luft noch der notwendigerweise zu erzeugende **Auftrieb** hinzu. Die Schwerkraft wirkt auf alle Körper gleichermaßen, daher muss jedes Objekt, technisch oder biologisch, zunächst hinlänglich Kraft bzw. Energie aufbringen, um diese Schwerkraft zu überwinden. Gelingt es, ist damit noch keine Lokomotion erreicht. Zunächst befindet sich der Körper in der Schwebephase. In der Tat ist hier die Leistungsfähigkeit für viele, insbesondere sehr kleine Organismen bereits erschöpft. Viele Lebewesen bedienen sich selbst beim Schweben einer Vielzahl von passiv auftrieberzeugenden Mechanismen. Sehr kleine Lebewesen verhalten sich in der Luft also eher wie vergleichbar große, wasserlebende Organismen, sie schweben und lassen sich verdriften. S. 113

Um zur aktiven Lokomotion befähigt zu sein, bedarf es neben den Auftriebsmechanismen zusätzlich einer Vortriebserzeugung. Auch hier besteht die Möglichkeit, den Vortrieb passiv, also ohne oder zumindest mit sehr reduzierter aktiver Muskelleistung zu erreichen. Tiere, die zum Segeln oder Gleiten befähigt sind, profitieren von den physikalisch gegebenen Auftriebssituationen im Luftraum. Entweder nutzen sie starke Winde, wie sie meist über dem offenen Meer auftreten oder Thermikschläuche, die durch die Sonneneinstrahlung und die damit verbundene Erderwärmung im Landesinneren entstehen.

Wie bereits erwähnt, werden diese beiden Auftriebssysteme durch Vögel genutzt, deren Flügelanatomie sich merklich unterscheidet. Die anatomischen Abweichungen werden nicht zuletzt durch die notwendige Fähigkeit der »Landsegler« bedingt, auch schwächste Aufwinde nutzen zu können. Hierzu müssen die Tragflächen möglichst großflächig ausgebildet sein. Erschwerend kommt hinzu, dass die Thermikschläuche oftmals sehr schmal sind. Das verlangt den Tieren enge Flugbahnradien ab, die wiederum mit sehr schwierigen

Auftriebsverhältnissen gekoppelt sind. Lange, schmale Flügel, wie sie bei Seevögeln ausgebildet sind, generieren wegen ihrer kleineren Gesamtflächen hier keinen hinreichenden Auftrieb.

Das Problem der kleinen Tragflächen haben auch kleine Vögel, auch hier sind die Flächen nicht hinreichend groß, um den notwendigen Auftrieb durch einfaches Gleiten zu erzeugen. Die Tiere müssen aktiv mit den Flügeln schlagen. Zwar sind viele Vögel in der Lage, zwischen einzelnen Schlagsequenzen Gleitflugphasen einzuschieben, diese sind aber meist nur von kurzer Dauer und lassen den Vogel, so kein starker Gegenwind unterstützt, erkennbar an Höhe verlieren. Gleiches gilt auch für die zum Gleitflug befähigten Insekten, wie etwa Libellen und einige Falter. Auch sie wechseln zwischen kurzen Gleitflug- und längeren Schlagflugphasen ab.

Aktuell im Fokus des ingenieurwissenschaftlichen Interesses stehen kleine bis sehr kleine flugfähige Organismen, die als »Lösungsvorschlag« zur Herstellung von Kleinstflugobjekten dienen sollen. Ziel ist es hierbei, analog zu den AUVs im Unterwasserbereich MAVs (Micro Air Vehicle) zu konzipieren, die dem Monitoring entlegenen oder unzugänglichen Geländes oder der mobilen Überwachung in Gefahrenbereichen dienen sollen. Meist sind hier Insekten bzw. deren Flugvermögen Gegenstand der Analysen und Übertragungsversuche. Allerdings nicht ausschließlich, auch Vögel verfügen über durchaus attraktive Flugeigenschaften, deren Nachahmung lohnenswert erscheint.

Für die meisten zum Fliegen befähigten Lebewesen gilt, dass sie zum Fliegen aktiv mit den Flügeln schlagen müssen. Dabei variieren die Phasen, in denen während eines Schlagzyklusses Auftrieb erzeugt wird, erkennbar. Während Insekten im Allgemeinen sowohl
S. 113 während des Auf- als auch während des Abschlags **Auftrieb** generieren, erzeugten Vögel diesen nur beim Abschlag der Flügel. Eine Ausnahme bilden die Kolibris. Durch eine ausgefeilte Schlagtechnik gelingt ihnen eine Zwischenlösung: 75 % des Auftriebs werden beim

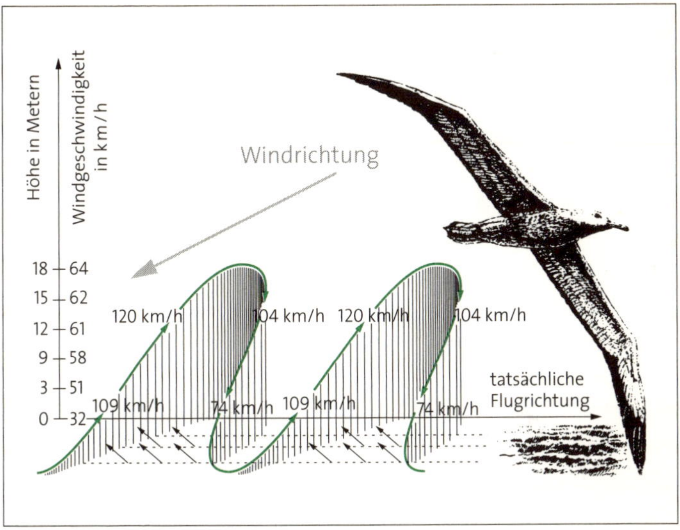

Netto-Flugrichtung und absolvierte Flugbahn eines Albatrosses über dem Meer. Die Tiere nutzen im Gleitflug die starken Brisen aus, von denen sie sich hochtragen lassen, um dann wieder hinabzugleiten. Dabei kreuzen sie gegen den Wind, Flug- und Windrichtung sind nicht identisch.

Flügelabschlag und 25 % beim -aufschlag erzeugt. Beim Schwirrflug des Tieres bewegt sich sein Flügel streng genommen nicht auf und ab, sondern vor und zurück. Bei jedem Richtungswechsel am Umschlagpunkt der Bewegung rotiert der Flügel im Gelenk um nahezu 180 Grad.

Wurden für terrestrische Fortbewegungsarten unterschiedliche Gangarten vorgestellt, und beim Schwimmen ebenso, so lassen sich diese auch beim Fliegen aufzeigen. Die von den unterschiedlichsten Spezies realisierten Schlagbahnen resultieren in unterschiedlichen Wirbelmustern im Nachlauf.

Die Bewegung im dreidimensionalen Raum und die deutliche Wirkung der Schwerkraft lassen ahnen, dass insbesondere das Fliegen eine äußerst anspruchsvolle Fortbewegungsart ist, die in allen Phasen des Flugs permanent überwacht und gesteuert werden muss. Nicht alleine, um nicht der Schwerkraft zu folgen und womöglich unsanft zu landen, sondern auch, und immer wieder, um diese aufwendige Art der Fortbewegung so effizient wie möglich zu gestalten.

Erreicht wird das durch ausgeklügelte Kontrollmechanismen, ein ganzes Arsenal unterschiedlicher Informationsaufnehmer, Sensoren, die ihren Input an hierarchisch übergeordnete Strukturen senden. Dort werden die unterschiedlichsten Eingänge verrechnet, bewertet und führen zu adäquaten Reaktionen. Im Bereich der Lokomotion, auf der Erde, im Wasser und in der Luft, werden dadurch fein abgestufe Bewegungen oder Bewegungsänderungen generiert, die das energetische Gesamtbudget so gering wie möglich halten. Allerdings leisten diese Sensoren weitaus mehr und sind nicht nur im Bereich der Lokomotionskontrolle zu finden.

6 DAS SENSITIVE FENSTER ZUR WELT

Lebewesen sind offene Systeme, die in einem Stoff- und Energieaustausch mit ihrer Umgebung stehen. Daraus ergibt sich die Notwendigkeit, die Umwelt in möglichst hoher Verlässlichkeit zu erfahren und Informationen über ihre Beschaffenheit zu erhalten. Die Informationsaufnahme über die verschiedenartigen Umwelteigenschaften erfolgt bei allen Lebewesen über Sensoren. Allerdings ist die jeweilige Sensorausstattung, quasi das sensorische Besteck, hierbei sehr unterschiedlich. Das Vorhandensein bestimmter Sensoren ist von den jeweiligen Bedürfnissen und Anforderungen der Organismen an ihre Umwelt, ihre ökologische Nische, abhängig. Jede Art, gleich ob zu den Pflanzen, Pilzen, Tieren oder Bakterien gehörend, verfügt daher über ein Arsenal an Sensoren, das die jeweiligen Informationsbedürfnisse befriedigt. Jede Art verfügt über ihr sehr spezifisches Fenster zur Welt.

Im Gegenzug bedeutet das, dass wesentlich mehr Reize bzw. Informationen in der Umwelt existieren, als Empfangsstrukturen bei einem Organismus vorhanden sind. Registriert werden lediglich die für den Organismus und dessen Überleben in der Umwelt relevanten Informationen. Zudem ist auch die Präzision und Empfindlichkeit der Sinnesorgane lediglich so weit ausgebildet, wie es nötig ist, um relevante Informationen aufzunehmen. Es wird also auch hier nicht das Machbare, sondern nur das Notwendige realisiert. Sowohl hinsichtlich der Art, Anzahl und Empfindlichkeit der Sensoren gilt einmal mehr, »so viel wie nötig und so wenig wie möglich«.

In manchen Fällen ist es für Lebewesen dennoch notwenig, ein Maximum an Information zu erhalten. Daher finden sich nicht selten Strukturen mit maximaler Empfindlichkeit, Rezeptoren, die an der Grenze der Auflösbarkeit arbeiten. So existieren z.B. Strukturen, die in der Lage sind einzelne Photonen oder einzelne Moleküle zu registrieren.

Allerdings ist nicht nur der Rezeptor für die Qualität der Abbildung der Umwelt ausschlaggebend. Relevant ist hier die jeweilige »sensorische Einheit«, der Sensor, bestehend aus Rezeptor, Neuron und der übergeordneten Verrechnungs- und Kontrolleinheit. Bereits auf der neuronalen Ebene, aber insbesondere im Gehirn bzw. den zuständigen Nervenknoten finden Bewertungen und Verarbeitungen des eingehenden Signals statt. Diese führen dazu, dass eine am Rezeptor aufgenommene Information auf ihre Relevanz hin analysiert, mit anderen sensorischen Eingängen abgeglichen und auf ein adäquates Verhaltensprogramm, sei es genetisch fixiert oder erlernt, aufgeschaltet wird: Der Organismus reagiert auf den Umweltreiz.

Allerdings führt nicht jede Reizaufnahme zwangsläufig zu einer Reaktion des Organismus. Unterschiedliche Filtermechanismen wirken auf die Eingangssignale und nicht selten werden hier Informationen diskriminiert, gleichsam ausgeblendet. Dieser Prozess dient nicht zuletzt der Energieersparnis, zufällige Spontanreaktionen im

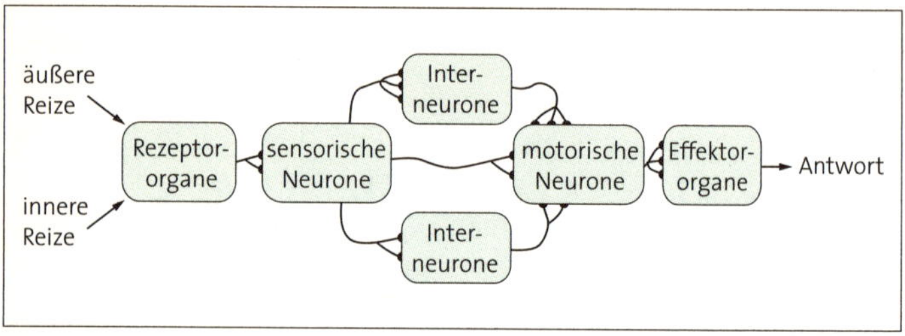

Abstrahierte Darstellung der Reiz-Reaktions-Kette.

Rezeptor oder zu geringe Informationsdichten aus der Umgebung induzieren keine Reaktion. Gleiches gilt für so genannte situativ irrelevante Informationen, Umwelteindrücke, die zwar tatsächlich existieren, unter der aktuellen Situation aber neutral sind.

Die prinzipielle Funktionsweise aller Sensoren ist gleich. Ein physikalischer oder chemischer Reiz wird in der dafür spezifischen Rezeptorzelle oder -struktur in ein elektro-chemisches Signal übersetzt. Dieses Signal wird über die ableitende Nervenzelle an das übergeordnete Zentrum, den Nervenknoten oder das Gehirn gesendet. Wie an anderer Stelle bereits beschrieben, entsteht dieses elektro-chemische Signal durch das Öffnen der in der Nervenmembran integrierten Kanäle. Ionen strömen auf die Innenseite der Membran und gleichen dadurch die ursprünglich vorhandene Ladungsdifferenz zwischen Außen- und Innenseite aus. Dieser Ladungsausgleich pflanzt sich über die lang ausgezogenen Fortsätze der Nervenzellen, die Neuronen fort, das Signal wird weitergeleitet.

Üblicherweise erfolgt das Öffnen der Kanäle in der Membran durch das Einwirken von Molekülen oder Ionen auf die spezifischen Kanalmoleküle. Allerdings lassen sich die Kanäle auch durch die Einwirkung einer rein mechanischen Kraft bzw. Zugspannung öffnen. Durch die Dehnung weiten sich die feinen Poren, es kommt zum Einstrom der Ionen und damit zum Ladungsausgleich. In der Tat funktionieren die einfachsten Rezeptoren auf diese Art und Weise und entsprechend ist ihre Funktion auch die Perzeption von physikalischen Einflüssen. Mechanische Einwirkungen werden direkt, ohne spezielle Rezeptorzelle, von so genannten »freien Nervenendigungen« durch Öffnen der Membrankanäle als Signal weitergeleitet.

Einfache Druckrezeptoren in der Haut sind so aufgebaut. Sie gehören zu der Klasse der Mechanorezeptoren.

6.1 Mechanische Sensoren

Darüber hinaus verfügen die Körperhüllen der meisten Organismen zusätzlich über wesentlich komplexere Strukturen zur Registrierung von Berührungs- und Kontaktreizen. Art, Stärke und Dauer des jeweiligen Reizes werden differenziert. Das übergeordnete Kontrollsystem erhält hierdurch eine sehr präzise Information über die jeweilige Beschaffenheit des mechanischen Reizes.

Ergänzt wird die Sensibilität der Haut bzw. der Körperhülle meist durch Rezeptoren, die sich auf die Registrierung von zeitlichen Änderungen spezialisiert haben. Sie dienen der Aufnahme von Vibrationen. Ist die Haut mit Fell oder zumindest haarartigen Strukturen bedeckt, können diese in den sensorischen Apparat der Haut integriert werden. An der Basis des Haares werden spezielle Elemente ausgebildet, die die Auslenkung des Haares registrieren können. In Abhängigkeit von der Länge des Haares wird dadurch zunächst eine Signalverstärkung erreicht. Zudem ist der Organismus bei der Informationsaufnahme nicht mehr auf den unmittelbaren Hautkontakt angewiesen. Auch beschränkt sich die mechanische Information nicht mehr nur auf Druckereignisse, Strömungen im umgebenden Medium lassen sich ebenso registrieren. Dieses Prinzip, Haare oder deren analoge Ausbildungen zu verwenden, hat bei den unterschiedlichsten Tiergruppen vielfache Anwendung gefunden. So ermitteln Insekten ihre Fluggeschwindigkeit über derartige Haarstrukturen und viele Säugetiere haben mit den Vibrissen, langen sensitiven Haaren im Schnauzenbereich, ein sensibles Tastorgan ausgebildet. Bestechend sind die Einfachheit der Konstruktion sowie deren enormes Empfindlichkeitsspektrum.

Das Prinzip, die mechanische Auslenkung mehr oder minder steifer und haarförmiger Strukturen als Messsignal zu verwenden, hat im Laufe der Evolution eine hohe Entwicklungsstufe erreicht und wurde mit der Haarsinneszelle zur Perfektion gebracht.

Die Haarsinneszelle besteht zunächst aus einem kegelartigen Stumpf, der eigentlichen Sinneszelle. An deren Spitze sitzen bis zu einigen hundert härchenartige Elemente, so genannte Zilien. Diese Zilien haben meist unterschiedliche Längen und sind in einer orgelpfeifenartigen Geometrie angeordnet. An ihrer Spitze sind sie über einen dünnen Molekülfaden (tip link) miteinander verbunden. Mechanische Einwirkungen, z. B. seitliche Auslenkungen der Zilien, führen zur Ausbildung einer Membrandepolarisation an der Basis der Sinneszelle und zur Weiterleitung der Information über das ableitende Neuron.

6.2 Ferntastsinne unter Wasser

Aus diesem sehr sensiblen Sensortyp haben einige wasserlebende Formen so genannte Seiten-Linien-Organe (SLO) entwickelt. Hierzu gehören Fische und Amphibien, Letztere allerdings nur in ihrer Juvenilform, also als Kaulquappe, oder aber Arten, die dauerhaft im Wasser leben, wie z. B. der Krallenfrosch. Der Name des Organs beschreibt sowohl seine Position als auch seine geometrische Gestalt. Entlang der Körperlängsachse ziehen sich in Linien angeordnete Poren über die Haut. Im Kopfbereich bilden sie zudem ein stark vernetztes System aus. Das eigentliche Sensororgan besteht aus einem Kanalsystem direkt unter der Haut, das mit einem gallertigen Sekret gefüllt ist, und den Haarsinneszellen. Dabei ragen lediglich deren Zilien in die Gallerte; die Sinneszelle ist zwischen den Zellen der Kanalwände eingelagert. Über die Poren ist dieses Kanalsystem zum Außenmedium, dem Wasser hin geöffnet. Seine Funktion liegt in der Registrierung von Druckänderungen im Medium. Dabei können hier sowohl Druckänderungen im Nahfeldbereich als auch in größerer Entfernung registriert werden. Das SLO wird daher als Ferntastsinn interpretiert; es dient den Tieren zur Perzeption von Beute wie Beutegreifern und zur Orientierung. Für die nähere Umgebung ist dieses Kanalorgan insbesondere für Schwarmfische bedeutsam, es liefert Informationen über die Entfernung zum Nachbarn und scheint maßgeblich für die schnelle Reaktionsfähigkeit der Fische bei plötzlichen Richtungsänderungen im Schwarm verantwortlich zu sein.

6.3 Orientierung im Raum

Zu den essenziellen Informationen, über die ein Organismus verfügen muss, gehört eine Vorstellung über seine Orientierung und Lage im Raum. Hierzu ist eine Vielzahl von Druckrezeptoren in den Gelenken integriert. Diese liefern Informationen über die Stellung der einzelnen Körperglieder zueinander, etwa ob ein Organismus steht oder liegt, aber auch, ob ein Bein angewinkelt oder gestreckt ist. Diese Informationen sind unerlässlich, um z.B. koordinierte Lauf- oder Greifbewegungen ausführen zu können.

Gleiche Problemstellungen finden sich auch in der Technik und das Interesse an derartigen Rezeptoren ist im Anwendungsbereich sehr groß. Insbesondere innerhalb der Robotik zeichnet sich ein enormes Einsatzspektrum entsprechender Konstruktionsvorlagen ab. Vom einarmigen Industrieroboter bis hin zur aufwendigen Laufmaschine ist die Information über die jeweilige Stellung der Einzelelemente zueinander essenziell für die Funktionalität des Gesamtsystems. Fragen aus den jeweiligen ingenieurwissenschaftlichen Bereichen behandeln dabei nicht nur die biologische Messmethode selbst, sondern zunehmend auch deren Sensitivität und Ansprechcharakteristik.

So ist es für einen Roboter durchaus wichtig zu »wissen«, wann er sein Bein aufsetzt, wann also Druck im System aufgebaut wird. Aber nicht minder wichtig sind Informationen über das Wie und Worauf. Ist der Untergrund glatt oder uneben, ist er hart oder weich? Informationen, die sich fortbewegende Organismen ständig über ihr sensorisches Besteck z.B. an der Fußsohle geliefert bekommen und die neben einer prinzipiellen Funktionsfähigkeit auch maßgeblich für die Effizienz der Bewegung bzw. Fortbewegung sind.

Die Information über die Position der Einzelelemente eines Körpers zueinander liefert noch keine hinreichende Vorstellung hinsichtlich der Orientierung im dreidimensionalen Raum. Auch sie ist essenziell für zur Lokomotion befähigte Organismen und für deren zukünftige autonome technische Pendants. Für biologische wie technische Strukturen muss dabei zunächst ein Referenzsignal gefunden werden, das die adäquate Information beinhaltet oder doch zumindest als indirekte Informationsquelle dienen kann.

Im Laufe der Evolution wurde hierzu mehrfach unabhängig voneinander der gleiche Reiz als Referenzsignal verwendet: die Schwerkraft. Sie liefert auf der Erde eine eindeutige und präzise Orientierung zum Erdmittelpunkt hin. So unterschiedliche Lebensformen wie Muscheln, Krebse und Wirbeltiere haben hier ihrer Messtechnik das gleiche Prinzip zugrunde gelegt. Daher sehen sich die realisierten Sensorsysteme dieser unterschiedlichen Lebensformen sehr ähnlich: schwere Partikel, meist Kalkkristalle, sind mehr oder weniger frei beweglich in unmittelbarer Nachbarschaft zu Haarsinneszellen gelagert. Diese »Steinchen« sind bestrebt, der Schwerkraft zu folgen und lenken auf ihrem Weg nach unten die Zilien von Haarsinneszellen aus. Einmal mehr ist deren Auslenkung der adäquate Reiz, der zur Depolarisation der Membran und zur Weiterleitung des Signals führt. Die Information dient in allen Fällen zur Orientierung der Körperlage im Raum. Gleichgewicht und Position können dadurch sehr präzise justiert werden.

Kurios erscheint hier das Gleichgewichts- und Lageorgan der Krebse. Bei einigen Vertretern dieser Tiergruppe ist das Gleichgewichtsorgan in den äußeren Kutikulaschichten eingelagert und geht mit jeder Häutung der Tiere verloren. Da Krebse sich periodisch mit dem Wachstum häuten, muss das Organ ständig regeneriert werden. Der Aufbau solcher »Steinchen« erfolgt sehr langsam und ist zudem biosynthetisch aufwendig. Daher bedienen sich die Tiere in ihrer Umwelt. Geeignet erscheinendes Material wird in die sensorische Grube verfrachtet und erfüllt dort die gleiche Funktion: durch eine Lageänderung des Tieres folgen die eingesammelten Steinchen der Schwerkraft. Wie sensibel dieses Organ tatsächlich auf die jeweiligen Impulse reagiert, lässt sich aus Experimenten ablesen, in denen den Krebsen nach der Häutung nur Eisenkügelchen als Schwere-Körper zur Verfügung gestellt werden. Die Tiere akzeptieren diesen Ersatz problemlos und zeigen dann unter Anwesenheit eines Magneten spektakuläre Orientierungen im Raum.

Besondere Herausforderungen an den Gleichgewichtssinn werden vor allem von fliegenden Organismen gestellt. Insbesondere hochagile und mit großer Manövrierfähigkeit ausgestattete Formen wie etwa Libellen und Fliegen benötigen präzise Informationen über ihre Position im Raum. Hier sind Gleichgewichtsorgane, die auf massereiche Partikel zurückgreifen von vornherein ausgeschlossen. Diese Flugkünstler müssen ja so leichtgewichtig wie möglich sein, um den energetischen Anforderungen des Flugs gewachsen zu sein. Aber auch unter energetischen Gesichtspunkten ist eine präzise Kenntnis der Orientierung im Raum unumgänglich. Hierzu werden die Relativorientierungen gegeneinander beweglicher Körperteile herangezogen. Zwischen den jeweiligen Körperteilen sind so genannte Stellungshaare ausgebildet, die auf Auslenkung reagieren. Bei Libellen z. B. ist der Kopf gut gegen den Rumpf beweglich. Schnelle Flugmanöver, die durch die Aktivität der Flügel induziert werden, wirken sich als Erstes auf die Position des Rumpfes aus. Aufgrund der

Masseträgheit des beweglich aufgehängten Kopfes verzögert sich dessen Reaktion. Es kommt zu Veränderungen in der jeweiligen Positionierung der Köperteile zueinander, was wiederum zur Auslenkung der Stellungshaare führt. Diese Information dient der Orientierung und Lagekontrolle. Auch hier sind Übertragungen in den Robotikbereich erfolgversprechend. Die aktuellen Bemühungen um MAV (Micro Air Vehicle) nach Vorbild der Insekten scheitern zur Zeit noch an mindestens drei Aspekten: die Masse der MAVs ist zu hoch, ihre Energieversorgung ist nicht hinreichend und die Positionskontrolle im Raum ist nicht gewährleistet. Insekten haben in den letzten Jahrmillionen Antworten sowohl auf diese Probleme als auch auf eine ganze Reihe weiterer gefunden und liefern hier gute Vorlagen für technische Anwendungen.

6.4 Töne, Klänge und Geräusche

Bei Säugetieren ist das Gleichgewichtsorgan in enger räumlicher Nähe zum Gehörsinn der Tiere ausgebildet. Beide Rezeptortypen finden sich in einer gemeinsamen Höhle in den Schädelknochen. Die Transduktion des Reizes ist für beide Sinnesorgane identisch, die Auslenkung von Haarsinneszellen führt zur Ausbildung eines Signals. Allerdings unterscheidet sich die Funktion der Sinnesorgane doch erheblich. Der Gehörsinn dient allen Lebewesen als Fernsinn. Räumlich unter Umständen weit entfernte Geräusche können empfangen und dabei meist richtungsgenau lokalisiert werden. Physikalisch handelt es sich dabei um eine mediale Schwingungsübertragung über ein Fluid, z.B. Wasser oder Luft, die die rezeptiven Strukturen beim Empfänger in Resonanzschwingung versetzt. Der adäquate Reiz ist also ein rhythmisch wechselnder Druck, der in Abhängigkeit vom jeweiligen Medium zeitlich versetzt beim Empfänger ankommt. Eine Richtungslokalisation setzt das Vorhandensein von mindestens zwei akustisch sensitiven Strukturen voraus. Da die Schallausbreitung zeitverzögert erfolgt, entsteht zwischen der Reizung der einzelnen Rezeptoren eine zeitliche Verzögerung, die umso größer ist, je weiter die Rezeptoren räumlich voneinander getrennt sind. Aus dieser Laufzeitdifferenz ermittelt das übergeordnete Zentrum den Winkel, unter dem der Schall auf den Körper aufgetroffen ist, es ortet die Schallquelle.

Das Vorhandensein der Hörfähigkeit ist meist mit der Fähigkeit zur Schallerzeugung gekoppelt und dient neben der Frühwarnung vor Fressfeinden nicht zuletzt der innerartlichen Kommunikation. Akustische Signale sind nicht selten Bestandteil des Imponierverhaltens der männlichen Vertreter einer Spezies und dienen hier der »Brautwerbung« und der Abschreckung potentieller Konkurrenten. Daher fällt der hörbare Frequenzbereich in den der Lauterzeugung. Allerdings existieren, wie so oft auch hier, einige Ausnahmen: Organismen, die zwar zur Wahrnehmung von Schall, nicht aber zu Lauterzeugung befähigt sind, und umgekehrt. Während etwa einige Nachtfalter durchaus Schall wahrnehmen, sind sie zur Aussendung eines vergleichbaren Schalls nicht befähigt. Ihr Hörvermögen beschränkt sich auf das Frequenzspektrum der Fledermäuse, die ihre Beute, besagte Nachtfalter, mittels Ultraschall orten. Der Falter hört die Rufe und reagiert unmittelbar mit einer Ausgleichbewegung im Flug, er lässt sich sozusagen »durchsacken«. Die Fledermaus kennt allerdings die Ausweichstrategie des Falters und steuert nun ihrerseits nach erfolgreicher Echopeilung eine tiefere Flugbahn an. Die jeweiligen Erfolgsquoten scheinen sich auszugleichen, denn nach wie vor existieren sowohl Falter als auch Fledermäuse.

Auch die meisten Fische sind nicht zur Lautäußerung befähigt, dennoch verfügen sie über ein gutes Gehör. Umgekehrt sind die Befunde bei Schlangen: Die Tiere sind taub, dennoch verwenden einige Schall zur Feindabschreckung. So z. B. Klapperschlangen, die mit der hornigen Rassel am Schwanzende deutlich wahrnehmbare Geräusche produzieren. Unklar ist nach wie vor, wie das taube Tier die Geräuschproduktion kontrolliert.

6.5 Echopeilung und Sonar

Am weitesten entwickelt ist die Schallwahrnehmung bei Säugetieren. Hier wurden im Laufe der Evolution aufwendige Schädelumgestaltungen notwendig, die zunächst zur Neuausbildung eines leistungsfähigeren Kauapparates führten. Die vormals kiefergelenkbildenden Knochen wurden zu den Gehörknöchelchen umgebildet. Diese repräsentieren als mechanische Gliederkette eine Untersetzung, die dazu geeignet ist, die am Trommelfell eintreffenden Schwingungen drastisch zu verstärken. Zudem werden durch sie die Schwingungen von der größeren Membranfläche des Trommelfells auf die kleinere Fläche des »ovalen Fensters« geleitet, was ebenfalls einen Verstärkungseffekt induziert. Im Innenohrbereich werden die Schwingungen auf eine mit Haarsinneszellen bestückte Membran übertragen. Deren mechanische wie geometrische Eigenschaften führen zu einer eindeutigen Positions-Frequenz-Korrelation. Jede Frequenz aus dem hörbaren Spektrum wird an einer definierten Stelle auf der Membran registriert. Aus diesen Funktionsbausteinen lassen sich enorm leistungsfähige Schalldetektoren realisieren. Das Hörvermögen der bereits erwähnten Fledermäuse scheint hier unübertroffen. Nach dem Echolotprinzip orten die Tiere unter Aussendung von Ultraschallrufen zielsicher ihre Beute im Flug. Auch nachtaktive Raubvögel wie etwa Eulen sind zu vergleichbaren Hörleistungen in der Lage. In völliger Finsternis orientieren sie sich bei ihren Raubzügen an den leisesten Geräuschen, die eine unvorsichtige Beute am Waldboden verursacht.

Beide Tiergruppen optimieren ihre Hörleistungen durch die Verwendung von »Hörverstärkern«, die an der Kopfaußenseite vor dem Gehörgang sitzen. Fledermäuse verwenden hierzu sehr stark aufgefaltete Ohrmuscheln und Nasenflügel, die ohrmuschellosen Vögel bilden rund um die Augen trichterartige Federkränze aus, die den Schall bündeln und den Gehörgängen zuführen. Sind sie sich in dieser Strategie auch einig, so lösen beide ein anderes Problem völlig unterschiedlich. Nachtaktive Tiere müssen sich in ihrer Umgebung auch in völliger Finsternis zurechtfinden können. Das stellt für fliegende Tiere eine ganz besondere Herausforderung dar. Fledermäuse können zur räumlichen Orientierung ihre Echopeilung verwenden, Eulen dagegen nicht. Diese Tiere erlernen ihre Umgebung bei Tag und legen im Gehirn eine dreidimensionale Karte an. Daraus wird verständlich, dass es sich um sehr standorttreue Tiere handelt.

Die Fähigkeit zur Echopeilung ist nicht auf Fledermäuse beschränkt, auch Meeressäuger wie Wale und Delphine verwenden dieses Orientierungssystem. Das von ihnen verwendete Sonarsystem wird z.B. von den im trüben Flusswasser lebenden Fluss- oder Süßwasserdelphinen so erfolgreich zur Orientierung unter Wasser eingesetzt, dass die Tiere ihr optisches System fast vollständig reduziert haben; Flussdelphine sind nahezu blind. Dennoch können sie sich mittels Sonar in Ihrer Umgebung problemlos orientieren und sind erfolgreiche Fischfänger.

Fledermäusen und Delphinen ist dabei das verwendete Frequenzband gemeinsam, beide Gruppen verwenden Ultraschalllaute. Delphine gehen hierbei sogar so weit, dass sie Ultraschall zur Unterwasserkommunikation einsetzen. Dabei gelingt ihnen eine Kompensation der starken Verzerrungen und des hohen Rauschpegels unter Wasser durch die Verwendung von Obertonfrequenzen. Bei diesen Obertonfrequenzen handelt es sich um ganzzahlige Vielfache einer Grundtonfrequenz bzw. -schwingung. Jeder Delphinruf besteht aus einer Grundschwingung und zugehörigen Obertonschwingungen. Letztere werden jedoch nicht über die ganze Laufzeit eines Rufes produziert, sondern ähnlich wie beim Morsen zu- und abgeschaltet. Ein Ruf besteht demnach aus einem lang gezogenen Grundton, dem Obertöne periodisch zugeschaltet werden. Offensichtlich repräsentieren diese hochfrequenten Morsezeichen die entsprechende Information, die der Kommunikation der Tiere untereinander dient.

Dieses Prinzip der Unterwasserkommunikation bzw. -informationsübertragung wurde inzwischen technisch erfolgreich umgesetzt und kommt überall dort zum Einsatz, wo Informationen und Steuerbefehle über lange Strecken unter Wasser ohne Leitungen oder Kabel transferiert werden müssen. Aktuell zählen zu den Anwendungen etwa Unterwasserroboter und -servicefahrzeuge, ebenso denkbar ist die Ansteuerung von stationären Messstationen am Meeresboden oder unter den polaren Eiskappen. Obwohl die Technologie noch sehr jung ist, ist das Leistungsniveau bereits hoch, bis zu 33 000 Bit pro Sekunde lassen sich über Entfernungen von über 2 km übertragen.

6.6 Mikro-Ohren an den Beinen

Im Bereich der Mikro-Akustik sind einmal mehr die Lösungsvorschläge der Insekten für technische Übertragungen von besonderem Interesse. Die »Ohren« sind bei Insekten auf sehr unterschiedliche Art und Weise ausgebildet. So existieren etwa einfache Hörhaare, lange, gut bewegliche Strukturen, die durch ihre geringe Masse bzw. ihr geringes Massenträgheitsmoment bei auftreffenden Schallwellen leicht in Schwingung versetzt werden können und auf diese Weise sensibel auf akustische Reize reagieren. Beeindruckend ist hierbei ihr Auflösungsvermögen im Frequenzbereich. Viele als »Antennen« bezeichnete Strukturen im Kopfbereich der männlichen Insekten sind Hörhaare, die dem Auffinden von Weibchen dienen. Schlüsselreiz ist dabei die Frequenz der Fluggeräusche, die die Weibchen produzieren. Die Tiere sind in der Lage, mit einer Genauigkeit von ca. 10 Hertz Weibchen der eigenen Art von denen anderer Arten am Fluggeräusch, das bei 200–500 Hertz liegt, zu unterscheiden. Um Verwirrungen zu vermeiden, liegen die Frequenzen der Fluggeräusche bei Männchen deutlich über denen der Weibchen.

Ein wesentlich komplexeres audiosensitives Organ, das Tympanalorgan, ist im Verlauf der Evolution der Insekten mehrfach unabhängig voneinander entstanden. Sein Name, abgeleitet von Tympanum (Trommelfell), deutet bereits auf das Konstruktionsprinzip hin. Auch hier werden analog zum Ohr der Säugetiere aufgespannte Membranen als Resonanzkörper verwendet. Ungewöhnlich ist allerdings die Lage dieser Ohren, sie finden sich nicht selten an den Vorderbeinen. Dabei verfügen zum Beispiel Grillen über insgesamt vier Ohren, zwei an jedem Vorderbein. Dadurch sind Richtungsorientierungen auch noch möglich, wenn eines der beiden Beine verloren gegangen sein sollte; nicht ganz unerheblich für Tiere, die ihre Geschlechtspartner durch Schallproduktion und -rezeption finden. Beeindruckend ist hier einmal mehr die enorme Empfindlichkeit der winzigen Organe, die mit bloßem Auge kaum sichtbar sind.

Wie bereits erwähnt, wird die Schallquellenortung durch die Laufzeitdifferenz zwischen dem Eintreffen auf mindestens zwei räumlich getrennten Rezipienten ermöglicht. Üblicherweise sind das die Trommelfelle, so auch hier. Allerdings sind die Trommelfelle am Bein einer Grille nicht wirklich räumlich voneinander getrennt, oder zumindest kaum merklich. Dennoch gelingt es den Tieren, Laufzeitdifferenzen im Millisekundenbereich zu registrieren. Erreicht wird das durch eine mechanische Kopplung der beiden, sich in der hohlen Beinröhre gegenüberliegenden Trommelfelle und durch die neuronale Verarbeitung des eingehenden Reizes. Der wird an der Außenseite des Beines anders an die übergeordnete neuronale Struktur weitergeleitet als an der Innenseite. Der Trick: Die eintreffenden Signale werden einseitig zeitlich verzögert durchgestellt, dadurch können auch die kleinsten zeitlichen Differenzen deutlich getrennt werden. Sowohl in der Hardware als auch in der Software dieser Hörprozesse findet sich ein weites Einsatzspektrum, das vom Mikroelektronikbereich bis hin zur Hörgeräteakustik reicht. Dabei scheint insbesondere das Signalprozessing, also die neuronale Weiterverarbeitung der eingehenden Signale enorme Potentiale im Bereich der technischen Anwendung zu offerieren.

6.7 Mit Infrarot zu Beute, Brand und Brut

Zu den ältesten sensorischen Strukturen, die im Laufe der Evolution entwickelt wurden, dürften die Thermosensoren zählen. In der Peripherie des Körpers lokalisiert, haben sie im Wesentlichen zwei Aufgaben. Zum einen informieren sie die Organismen über schädliche Extremwerte, wie Frost oder große Hitze. Beide Temperaturbereiche können das Körpergewebe nachhaltig schädigen, sind also zu vermeiden. Darüber hinaus sind Thermorezeptoren integraler Bestandteil der Aufrechterhaltung einer konstanten, physiologisch optimalen Körpertemperatur, zumindest bei Tieren, die hierzu befähigt sind, wie Vögel und Säugetiere. Änderungen in der Umgebungstemperatur können hier so frühzeitig registriert werden, dass die Tiere nur zu kleinen internen Gegenmaßnahmen gezwungen sind, um die Körperkerntemperatur konstant zu halten. Gängige Maßnahme bei absinkenden Außentemperaturen ist z. B. eine hormonell gesteuerte Erhöhung des Grundumsatzes in den Geweben. Dadurch wird mehr Abwärme produziert und die Verluste an der Peripherie können ausgeglichen werden. Nimmt die Außentemperatur wieder zu, sinkt der Grundumsatz wieder ab. Die Temperatursensoren wirken analog zu Heizungsthermostaten, die eine konstante Raumtemperatur aufrechterhalten. Beide Mechanismen dienen dem Einsparen von Energie.

Darüber hinaus dienen Thermorezeptoren nicht selten der Orientierung, meist zum Auffinden von potenzieller Beute. Auch hier machen insbesondere Schlangen von sich reden. Einige, wie z. B. die Grubenottern, verfügen über einen namengebenden Thermorezeptor, das Grubenorgan. Damit sind die Tiere in der Lage, Infrarotstrahlung zu registrieren und ihre warmblütige Beute aufzuspüren. Die dabei erreichten Empfindlichkeiten sind bestechend. Die Tiere vermögen Temperaturunterschiede von 0,003° C auf eine Entfernung von immerhin bis zu 20 Zentimetern zu registrieren. Die eigentlichen Rezeptoren sind Proteine, die die Infrarotstrahlung absorbieren und dabei mit einer Änderung der Funktionsform reagieren. Einmal mehr kommt es durch die Änderung der räumlichen Struktur der Moleküle zur Öffnung von Ionenkanälen und die Membran des Neurons wird depolarisiert.

Das Grubenorgan ermöglicht seinen Besitzern neben der hohen thermischen Empfindlichkeit zudem die räumliche Ortung der Reizquelle. Der Aufbau des Organs gleicht dem einer Lochkamera; durch deren Öffnung tritt hier ein thermischer »Strahl«. Er trifft auf definierte Areale der »Mattscheibe« am hinteren Ende der Grube. Die jeweilige Position auf der thermosensitiven Membran kann auf zentralnervöser Ebene, dem Gehirn der Schlange, mit einer bestimmten Richtung korreliert werden. Das Tier erhält somit nicht nur Informationen über das Vorhandensein einer Beute, sondern es ist auch zur präzisen Lokalisation imstande.

Entscheidend für die hinreichende Funktionalität eines derart konstruierten Thermosensors ist, dass der Nachhalleffekt auf der sensitiven Membran möglichst kurzfristig ist. Das bedeutet, die »thermisch verformten« Proteine müssen sich möglichst schnell in ihre Ausgangsform zurückwandeln. Dazu muss die aufgenommene Wärme abgeführt werden, was durch eine starke Verästelung des Blutgefäßsystems in der Membran ermöglicht wird. Die Wärme wird über die Blutbahn sofort abgeführt, die Moleküle kehren in ihre Ausgangsform zurück und das System ist erneut reaktionsfähig. Diese infrarotsensitiven Moleküle erinnern in ihrer Reaktion an thermosensitive Form-Gedächtnis-Metalle. Auch diese reagieren bei Temperaturänderungen mit Formänderungen und auch hier ist die Reaktion reversibel. Aktuell existieren im Bereich der Mikrosystemtechnik erst sehr zaghafte Ansätze zu Form-Gedächtnis-Elementen auf nanoskaliertem Niveau, wenngleich das zu erwartende Einsatzspektrum für thermosensitive Nano- und Mikroschalter reichhaltig ist.

Von nicht minder großem Interesse sind Thermosensoren, wie sie von bestimmten Käfern zum Auffinden von Brandherden verwendet werden. Diese Spezialisten gehören zu den Erstbesiedlern in einem durch Waldbrand verwüsteten Areal und sichern sich dadurch offensichtlich entscheidende Wettbewerbsvorteile. Die Vorteile scheinen derart groß zu sein, dass die Käfer hierzu wahre Hochleistungssensoren entwickelt haben: Sie sind in der Lage, Temperaturdifferenzen von 0,01° C auf eine Entfernung von vielen Kilometern zu detektieren. Manche Angaben belaufen sich hier auf bis zu 80 km. Auch wenn diese Entfernung sicherlich zu den Ausnahmen zu zählen ist, so sind doch auch Bruchteile davon hinreichend erstaunlich und machen neugierig auf das »Wie«.

Der Käfer transformiert die aufgenommene Infrarotstrahlung in mechanische Dehnung. Hierzu verfügt er über hohlkugelartige Strukturen in der Kutikula, deren Inhalt sich bei Erwärmung ausdehnt und einen mechanischen Druck auf die angrenzenden sensitiven Rezeptorzellen ausübt. Dieser Reiz wird über die Neurone zum jeweiligen übergeordneten Nervenknoten weitergeleitet und dort adäquat interpretiert. Das Tier fliegt auf die Quelle des Reizes, den Waldbrand zu. Ein nicht minder sensibler Geruchssinn ermöglicht es ihm bereits während des Anflugs, den adäquaten Baum ausfindig zu machen. So hat sich der Kiefernprachtkäfer auf verkohlte Kiefern spezialisiert. Die Kombination aus Sensibilität und Selektivität erlaubt es dem Käfer, schon aus einem Kilometer Entfernung die optimale Flugroute einzustellen, wodurch das Tier zielgenau den von ihm angepeilten Baum trifft, sofern eine Kiefer von dem Brand betroffen war. Dort angekommen werden die Eier in das frische, notwendigerweise abgekühlte Totholz gelegt. Auf diese Art sichern sich die Käfer die Erstnutzung dieser Nahrungsquelle.

Technisch stellt die Qualität sowohl dieses Infrarotrezeptors als auch des Chemorezeptors eine besondere Herausforderung dar. Da das Vorhaben, Brände jeglicher Art möglichst frühzeitig zu orten und die brennenden Substanzen zu analysieren, naheliegend ist, lohnt sich die Mühe, die Käfer-Sensorik zu studieren.

Sind die bisher angesprochenen thermosensitiven Leistungen der Tiere durchaus beeindruckend, so finden sich die wahren Meister jedoch bei einigen Vertretern der Hühnervögel. Üblicherweise sind Thermosensoren in der Natur Differenzsensoren, die Tiere registrieren lediglich Unterschiede zwischen zwei Temperaturen, ohne eine Information über die jeweilige Höhe der Temperatur zu haben. Absolute Temperaturmessungen, wie sie etwa unter Verwendung eines geeichten Thermometers durchführbar sind, sind in der Natur eher unüblich. Wie bereits aufgezeigt, folgen die Organismen hier der Maxime »so viel wie nötig und so wenig wie möglich«; das Ermitteln von Temperaturdifferenzen ist also offensichtlich ausreichend.

Zumindest gilt das für die meisten Organismen, nicht jedoch für das australische Großfußhuhn. Dieses Tier verfügt über einen absoluten Temperatursinn und wird daher auch als Thermometerhuhn bezeichnet. Relevant wird dieser Temperatursinn beim Brutgeschäft der Vögel. Im Unterschied zu den meisten anderen Vögeln bebrüten die Tiere ihre Eier nicht selbst, sondern legen hierzu Bruthügel an. Der Bau des Hügels obliegt meist dem Hahn, der dazu zunächst eine bis zu einem Meter tiefe und im Durchmesser bis zu drei Metern breite Mulde scharrt. Anschließend wird diese mit verrottbarem Pflanzenmaterial befüllt und schließlich eine bis zu einem Meter hohe Sandschicht aufgetürmt. Nach Fertigstellung, die durchaus einiger Monate bedarf, wird der Hügel von der Henne geprüft, nicht auf Akkuratesse, sondern auf seine Innentemperatur hin. Zur optimalen Bebrütung der Eier ist eine Temperatur von 33° C notwendig.

Erreicht wird die Temperatur durch die Faulwärme des Pflanzenmaterials. Ist die optimale Temperatur im Hügel erreicht, wird dieser aufgegraben, die Henne legt ein Ei und der Hügel wird wieder verschlossen. Dabei obliegen die Erdarbeiten nach wie vor dem Hahn. Da die Eier sehr groß sind, wird pro Tag nur ein Ei gelegt. Der Hügel muss also immer wieder, pro Brutsaison bis zu 25 Mal, aufgegraben und wieder verschlossen werden. Damit sind die vom Hahn zu leistenden Erdbewegungen allerdings nicht abgeschlossen. Das Tier kontrolliert mehrfach am Tag, ob die Bruttemperatur den Bedürfnissen der Embryonen in den Eiern entspricht. Da die Tagestemperaturen in der Brutzeit durchaus zwischen einigen nächtlichen Minusgraden bis hin zu sehr hohen Mittagstemperaturen schwanken können, schwanken auch die Nesttemperaturen. Der Hahn ist daher mehrfach am Tag gezwungen, das Nest zu öffnen und wieder zu verschließen. Dabei bewegt er unglaubliche Sandmassen, mit jedem Öffnen immerhin bis zu 850 kg. Durch das gezielte Öffnen und Verschließen des Hügels gelingt es ihm, die Bruttemperatur auf maximal ein Grad Abweichung einzustellen.

Dem Graben geht jeweils das Messen voraus, der Hahn gräbt einen Tunnel und steckt den Kopf hinein. Weiter ist das Geheimnis des Messvorgangs bei den Thermometerhühnern bis dato nicht gelüftet. Da das Tier beim Wiederauftauchen oft den Schnabel voll Sand hat, können die Sensoren sowohl auf der Außen- als auch der Innenseite des Schnabels liegen. Auf jeden Fall ist ihr Funktionsprinzip noch unklar.

Bei erfolgreichen Erdarbeiten schlüpfen nach etwa zwei Monaten die ersten Jungtiere. Sie sind fast völlig entwickelt und sofort selbständig; notwendigerweise, denn über die Arbeiten am Bruthügel hinaus wird keine weitere elterliche Fürsorge geleistet.

6.8 Von bitter bis umami

Die mechanischen Sensoren werden durch die chemischen ergänzt. Auch hierbei handelt es sich um entwicklungsbiologisch sehr alte Strukturen, die in Geschmacks- und Geruchssensoren unterschieden werden. Ihr Funktionsprinzip ist allerdings identisch. Adäquater Reiz ist der Kontakt eines Moleküls mit einer speziellen Membran bzw. mit in die Membran eingelassenen spezifischen Proteinen, die über die Änderung ihrer Funktionsform ein Signal induzieren. Der Geschmackssinn, der bei allen Lebewesen in der Nähe des Mundfeldes bzw. im Mundinnenraum lokalisiert ist, kann dabei als »Nahsinn« verstanden werden. Er dient vor allem der letztmaligen Kontrolle der Nahrungsmittel vor dem Verschlucken, Toxine müssen spätestens hier erkannt werden. Darüber hinaus sind die Rezeptoren Bestandteil eines ausgeklügelten Kontrollsystems des Körpers, zum Aufrechterhalten des inneren Milieus und damit letztlich aller Körperfunktionen. Über die eingehenden Signale der Geschmacksrezeptoren werden die jeweiligen Ernährungsbedürfnisse kontrolliert. Fehlen etwa Natrium-Ionen, so besteht ein erhöhter Bedarf an Salzen, Nahrungsmittel, die salzig schmecken, induzieren im komplexen Kontrollsystem des Körpers positive Rückkopplungsschleifen und werden vom Organismus bevorzugt aufgenommen. Da sich die Nahrungsbedürfnisse des Körpers nicht auf Salze beschränken, verfügen Organismen über verschiedenartige Rezeptoren. So existieren Rezeptoren, die z.B. auf Zucker reagieren und süße Geschmackseindrücke vermitteln. Stark zuckerhaltige Lebensmittel decken den Energiebedarf des Körpers und werden bevorzugt aufgenommen, auch hier existieren positive Feedback-Schleifen. Die Rezeptoren des Geschmackseindrucks »sauer« reagieren auf Wasserstoff-Ionen, dienen also als Säure- und Basedetektoren. Sie sind somit ebenso überlebenswichtig wie Rezeptoren, die die Information »bitter« vermitteln, meist ein Korrelat für »giftig«. Erst seit kurzem wird ein weiterer Geschmacksrezeptor aufgelistet, sein Empfindungsbereich ist »umami« und dient vermutlich der gezielten Proteinaufnahme.

6.9 Perfekte Nasen

Der zweite Chemorezeptor, der Geruchssinn ist im Gegensatz zum Geschmackssinn ein »Fernrezeptor«. Fast alle Organismen verfügen über zwei getrennte Informationssysteme im Bereich der Geruchsrezeption. Ein sehr allgemeines Detektionssystem, das auf nahezu alle Gerüche, also die unterschiedlichsten Moleküle reagiert und wohl zur Orientierung und zur Feindvermeidung sowie zum Auffinden von Beute dient. Zusätzlich ist ein sehr spezifisches Geruchszentrum vorhanden, welches üblicherweise lediglich auf sehr spezielle Moleküle reagiert. Dabei handelt es sich meist um Moleküle der innerartlichen Kommunikation, Pheromone. Sie dienen nicht selten dem Auffinden von Sexualpartnern. Einige Organismen verfügen hier über hoch selektive und sensitive Rezeptoren. Es genügt das Auftreffen weniger spezifischer Moleküle auf die Rezeptormembran für das Auslösen eines entsprechenden Signals. Dieses führt wiederum zur Induktion eines adäquaten Verhaltens. Hierbei zeigen einmal mehr Insekten die höchste Perfektion. Ihre »Nasen« erreichen tatsächlich die Auflösungsgrenze von einem Molekül, eine schier unglaubliche Leistung des biologischen Systems.

Wenngleich dieses Leistungspotenzial in der technischen Anwendung noch nicht erreicht wird, so halten doch seit einigen Jahren »elektronische Nasen« Einzug in die technische Nutzung. Diese Geräte verfügen über chemische Sensoren, die Gerüche oder Gase identifizieren können. Vorausgesetzt, sie wurden vorher auf diese Gerüche trainiert, haben also ein entsprechendes Lernprogramm hinter sich. Vorteil dieser Verfahren ist, dass sie schnell zu qualitativen Daten führen, ohne dass hierfür aufwendige laboranalytische Verfahren notwendig wären. Eingesetzt werden diese Verfahren bisher vor allem in der Lebensmittelchemie und in der medizinischen Diagnostik. Das Messprinzip ist übrigens das Gleiche wie bei den biologischen Pendants: die Einwirkung eines bestimmten Moleküls führt zu einer Leitfähigkeitsänderung; daraus wird ein Signal generiert, das die gewünschte Information liefert.

6.10 Augentiere

Viele der höher entwickelten tierischen Organismen sind »Augentiere«, sie orientieren sich vornehmlich nach der Information, die über das optische Sensorsystem aus der Umwelt aufgenommen wird. Vermutlich liegt die Ursache dieser Dominanz darin begründet, dass optische Informationen in Echtzeit auch auf vergleichsweise große Entfernungen registriert werden können. Das Auge bzw. das optisch sensitive Sinnesorgan erhält seine adäquaten Reize, die Photonen, mit Lichtgeschwindigkeit. Kein anderes sensorisches System kann mit dieser Geschwindigkeit aufwarten, daher eignet sich auch kein anderes System so sehr zum Frühwarnsystem oder zur räumlichen Orientierung bei schnellen Bewegungen.

Somit ist es nicht verwunderlich, dass »Augen« bzw. photosensitive Rezeptoren im Laufe der Evolution mehrfach unabhängig voneinander entwickelt wurden. Zu den leistungsfähigsten gehören hierbei die Linsenaugen der Wirbeltiere und die Komplexaugen der Insekten. Der Sehprozess ist jeweils identisch: Photonen treffen auf photosensitive Pigmente, so genannte »Sehfarbstoffe«, diese zerfallen unter der Einwirkung der photonischen Energie und depolarisieren dabei die entsprechende Rezeptormembran. Das elektrische Signal wird an das informationsverarbeitende Zentrum geleitet.

Unterschiedliche Linsensysteme werden in der Technik schon seit Jahrhunderten genutzt, nicht zuletzt, um die Leistungsfähigkeit natürlicher Linsensysteme zu erhöhen oder zu erhalten, etwa in Form von Fernrohren, Teleskopen, Mikroskopen und den unterschiedlichsten Produkten der medizinischen Optik. Darüber hinaus findet sich ein weites Spektrum in der Nutzung der unterschiedlichsten Fotosensoren. Aktuell steht im Rahmen der Inspiration aus der Natur für eine technische Nutzbarkeit im Bereich der linsenoptischen Systeme eher die Analyse sehr einfacher optischer Systeme im Vordergrund: Systeme, die leicht und unaufwendig herstellbar sind, deren Vorteile neben einfacher Handhabung insbesondere in ihrer Robustheit und der Einsatzmöglichkeit in schwer zugänglichen wie Extrembereichen liegen. Erste Vorbilder scheinen gefunden zu sein: Schlangenseesterne. Sie generieren aus ihrem kalkhaltigen Exoskelett Kalkspatlinsen, die zumindest hell-dunkel-sensitiv sind. Interessant sind diese Strukturen für technische Anwendungen deshalb, weil zwar eine Lichtempfindlichkeit der Tiere nachweisbar ist, Sinneszellen und ableitende Neurone jedoch nicht. Lediglich die Lichtdurchlässigkeit der Kalkspatlinsen ist belegt, darüber hinaus fehlt jegliche Information über den Transduktionsprozess. Bekannt ist immerhin so viel: der Sensor ist sehr einfach konzipiert, er ist robust und sein Energiebedarf ist niedrig.

Weitaus anspruchvollere Lösungsansätze für optische Problemlösungen liefern dagegen die Komplex- oder Facettenaugen der Insekten. Aktuell steht ihre Nutzung als Vorbild für nicht minder anspruchsvolle Einsatzgebiete noch aus. Jedoch lassen Bedarfsmeldungen aus der Mikrosystemtechnik sicherlich nicht mehr allzu lange auf sich warten. Immerhin liegen hier miniaturisierte Hochleistungssysteme vor, die zu erstaunlichen Leistungen befähigt sind.

Dabei ist das Problem alles andere als trivial. Die Qualität der optischen Abbildung ist abhängig von einer hohen Lichtempfindlichkeit und einem guten räumlichen Auflösungsvermögen. Allerdings korrelieren diese beiden Parameter mit der Größe des optischen Apparates, je größer das Linsensystem, desto besser dessen Leistung in besagten Bereichen. Für kleine Organismen ergibt sich hieraus ein prinzipielles Problem. Aufgrund der unvermeidbaren Abbildungsfehler am Rand liefern Linsenaugen lediglich im Zentrum scharfe Bilder. Kleinere Augen ermöglichen daher lediglich sehr kleine Abbildungsbereiche guter Qualität. Der Trick der Insekten: Ihre Augen bestehen aus vielen Einzelaugen, den Facetten, die von einigen wenigen bis weit über 10 000 pro Auge organisiert sein können. Dadurch gelingt es ihnen, trotz vergleichsweise kleiner Augen, ein relativ hochwertiges Gesamtbild zu erzeugen. Zumindest ist die Abbildungsqualität bei gleicher Baugröße deutlich höher, als sie durch Einzellinsensysteme erzeugt werden könnte, die ja nur im Zentrum scharfe Bilder liefern. Durch die Verwendung von vielen Facettenaugen gleicher Abbildungsqualität lassen sich die Verluste am Rand kompensieren. Die Tiere erhalten ein scharfes Bild bis in die Randareale hinein.

Auch die Augen der Spinnen sind naturgemäß klein, dennoch verwenden sie Linsenaugen, so genannte Omatidien. Einige Vertreter dieser Tiergruppe haben die sich daraus ergebenden Abbildungsprobleme auf andere Weise gelöst. Neben ihren Hauptaugen verfügen sie über weitere Augenpaare, die rund um die Kopfkapsel angeordnet sind. Neben einem Rundumblick erzeugen sie so eine vergleichsweise gute Abbildungsqualität. Einmal mehr beeindruckend sind in dieser Hinsicht Jagd- oder Springspinnen. Ihre in der Kopfmitte angeordneten Hauptaugen bestehen neben der von außen gut erkennbaren Linse aus einem langen Glaskörper, an dessen Basis die Retina in bis zu vier Schichten angeordnet ist. Die optischen Eigenschaften der Augen lassen sich mit denen von Teleobjektiven vergleichen, sie liefern eine vergrößerte Abbildung bei kleinem Bildausschnitt. Der kleine Bildausschnitt wird dadurch kompensiert, dass die »Objektive« beweglich sind. Durch an der Glaskörperbasis ansetzende Muskeln lassen sie sich in der Kopfkapsel vertikal wie horizontal auslenken. Dadurch kann das Sehfeld einer potenziellen Beute hinterher geführt werden. Die Tiere scannen ihre Umgebung auf diese Weise regelrecht ab. Bei geeigneter Orientierung der beiden Augen überschneiden sich deren Sehfelder, die Tiere sind zu binokularem Sehen und damit zur Entfernungsabschätzung befähigt, eine für Springspinnen sicherlich relevante Eigenschaft.

Die Bedeutung der vierschichtigen Retina ist noch nicht zweifelsfrei geklärt. Möglicherweise dient sie der Absorption von Licht unterschiedlicher Wellenlänge; damit wären die Tiere zum Farbsehen befähigt.

6.11 Das Gefühlsleben der Pflanzen

Bis hierher entsteht der Eindruck, als sei Sensorik ausschließlich Sache der Tiere. Pflanzen scheinen über keine informationsaufnehmenden Strukturen zu verfügen. Dem widerspricht die Beobachtung, dass viele Blütenpflanzen in der Lage sind, mit der Ausrichtung ihrer Blüten der Wanderung der Sonne über den Horizont zu folgen. Auch »wissen« Pflanzen zweifelsfrei wo oben und unten ist, wenn beim Auskeimen des Samens die Wurzel in den Boden und der Spross zum Licht gebracht werden muss. Belegt sind ebenso chemische und mechanische Reaktionen. Letztere sind am besten untersucht bei den Abknickreaktionen der Mimosen, die unter Berührungsreizen mit einer entsprechenden Ausweichreaktion antworten. Ebenso sind die Verschlussmechanismen der Venusfliegenfalle beschrieben. Die zur Falle umgewandelten Blätter registrieren dabei nicht nur, dass ein Insekt auf ihnen gelandet ist. Sie registrieren auch, ob die Beute groß genug ist und sich das aufwendige Schließen der Falle lohnt. Falls nicht, bleiben beide Blatthälften geöffnet, das Insekt zieht seines Weges, falls doch, gibt es kaum ein Entrinnen.

VERTIEFUNGEN

Giftfreies Antifouling nach biologischem Vorbild

Der organische Unterwasserbewuchs von Schiffsrümpfen, Fahrwassermarkierungen, Offshore-Plattformen etc. stellt für die marine Industrie seit jeher einen erheblichen Stör- und insbesondere Kostenfaktor dar, dessen ökonomische Auswirkung sich jährlich auf mehrere Milliarden US-$ belaufen. Waren bis dato toxinhaltige Farbanstriche im Unterwasserbereich üblich, so sind diese seit 2003 aufgrund ihrer verheerenden Auswirkungen für die marine Biosphäre durch die WHO weltweit verboten. Allerdings mangelt es derzeit an giftfreien Alternativen. Sowohl aus ökologischen als auch aus ökonomischen Gründen gehört die Entwicklung einer alternativen Oberflächenbehandlung zur Vermeidung bzw. Reduktion biogenen Bewuchses aktuell zu den wohl am aktivsten betriebenen Forschungsprojekten weltweit. Die Ansätze sind unterschiedlichster Art, mit zu den erfolgversprechendsten dürften Oberflächenbehandlungen und -modifikationen nach biologischem Vorbild gehören. Hier werden sowohl Meeressäuger wie Wale und Delphine als auch Haie als besonders interessante Vorbilder unter die Lupe genommen. Letztere bzw. deren Haut hatte sich ja bereits hinsichtlich der Reduktion von Reibungsverlusten bei der Lokomotion als sehr günstig herausgestellt. Vorbilder sind hierbei die schon an anderer Stelle erfolgreich in technische Anwendung übertragene Haut schnell schwimmender Hochseehaie, aber auch die Haut von Delphinen und Walen scheint der Besiedlung durch Fremdorganismen hinreichend gewachsen. Wenngleich die Wirkung die gleiche ist: die erfolgreiche Vermeidung von biogenem Bewuchs, so sind doch die Wirkmechanismen deutlich unterscheidbar. Das wiederum macht die Analyse der Wirkmechanismen umso interessanter, da hierbei auch unterschiedlichste Anwendungsaspekte und -felder berücksichtigt werden können.

In der Tat reicht die Anwendung weit über den maritimen Bereich hinaus, etwa in die Lebensmittelindustrie, die Kühlwassertechnik oder die Unterwasser-Senorik hinein.

Faser-Verbund-Werkstoffe

Um die Festigkeit eines Werkstoffs oder dessen Verformungsverhalten zu modifizieren, werden Werkstoffkomposite wie Faser-Verbund-Materialien hergestellt. Dadurch wird eine Erhöhung der mechanischen Performance der Einzelbestandteile (Fasern und Matrix), meist unter zusätzlicher Gewichtsreduktion, erzielt.

Um eine Verstärkung des Materials durch die Faserkomponente zu erreichen, müssen die Fasern eine höhere Festigkeit sowie eine höhere Elastizität gegenüber dem Matrixmaterial aufweisen. Ebenso darf die Matrix unter Last nicht vor dem Faseranteil versagen, um das Weiterleiten der Kräfte und Spannungen an die steiferen Fasern bis zur Versagensgrenze des Komposits gewährleisten zu können. Alles entscheidend für die Qualität eines derartigen Verbunds ist dabei eine adäquate kraft- wie spannungsschlüssige Bindung zwischen Faser- und Matrixkomponente. Ein bis dato nicht zufriedenstellend gelöstes Problem. Natürliche Komposite hingegen scheinen eine Lösung gefunden zu haben. So lassen sich z. B. für Holz mikroklettartige Verankerungen zwischen Fasern und Matrix aufzeigen.

Eine weitere Steigerung der mechanischen Materialcharakteristik lässt sich durch das »Übereinanderstapeln« mehrerer Schichten zu so genannten Laminaten erreichen. Diese sperrholzartige Schichtung generiert eine verzögerte Rissausbreitung unter Maximallast und somit eine Steigerung der Bruchfestigkeit. Von besonderer Bedeutung ist hierbei sowohl das Laminierungsverfahren als auch das jeweilige Bindemittel zwischen den Schichten. Letzteres dominiert die Funktionsfähigkeit maßgeblich. Laminate finden überall dort Einsatz, wo multiple Anforderungen durch eindimensionale Faser-Verbund-Werkstoffe nicht erfüllt werden können.

Kleben, Haften und Verbinden

Die Vorteile des Klebens liegen auf der Hand. Es lassen sich unterschiedlichste Materialien miteinander verbinden, je nach verwendeten Klebstoffen dauerhaft oder reversibel. Viele Kleber reagieren sehr schnell und sind ohne Werkzeuge zu handhaben. Es sind keine zusätzlichen Bauteile oder Organe notwendig, sie sind also zudem materialsparend. Dennoch sind Haft- oder Klebeverbindungen alles andere als leicht herzustellen, zumindest dann nicht, wenn eine hinreichende Kraftübertragung gewährleistet werden muss. Oftmals sind hierbei z.B. aufwendige Vorbehandlungen der zu verklebenden Oberflächen notwendig.

Für die jeweilige Haftung zwischen zwei Objekten sind zwei Arten von Kräften verantwortlich: die Haftkraft zwischen dem Klebstoff und dem Objekt (Adhäsion) sowie der innere Zusammenhalt des Klebstoffes selbst, die Kohäsion.

Die Adhäsion oder Grenzflächenhaftung gibt die Kraft an, die zwischen den Oberflächen verschiedener Körper wirkt. Da der Adhäsion zwischenmolekulare Kräfte (z.B. Wasserstoffbrückenbindungen oder Van-der-Waals-Kräfte) zugrunde liegen, muss der Abstand zwischen den beiden Objekten möglichst gering sein. Die Reichweite der Van-der-Waals-Kräfte etwa beträgt nur wenige Nanometer.

Allerdings sind die Oberflächen von Festkörpern niemals völlig eben, sondern immer mit Mikrorauigkeiten versehen. Daher berühren sich aufeinander liegende Objekte lediglich an den Spitzen dieser »Mikrogebirge«. Die tatsächlichen Kontaktflächen betragen also nur einen Bruchteil der realen Oberfläche der Objekte. Haftkräfte werden jedoch nur in der Kontaktzone ausgebildet, daher sind die Flächen im

Allgemeinen zu gering, um so genannte kraftschlüssige Verbindungen herstellen zu können.

Die Lösung dieses Problems ist die Verwendung von Flüssigkeiten. Diese können sich an die Oberfläche anpassen und über die reale Fläche des Objektes Haftkräfte ausbilden. So gelingt es bereits unter der Verwendung von reinem Wasser, merklich höhere Adhäsionen zwischen zwei Objekten herzustellen. Allerdings hat Wasser eine äußerst geringe Kohäsion, das Haftungsvermögen ist somit sehr begrenzt.

Handelt es sich bei der Flüssigkeit um einen Klebstoff bzw. ein Haftsekret, so kommt neben der hohen Adhäsion aufgrund der Oberflächenabformung die Kohäsion des Klebstoffs hinzu. Diese Kohäsion ist zunächst von der Größe der Moleküle innerhalb des Sekrets bzw. Klebstoffs abhängig und insbesondere von der Anzahl der jeweiligen Seitenketten. Je größer das Molekül und je größer die Anzahl der Seitenketten, desto stärker kann das Molekül mit anderen interagieren, die Moleküle vernetzen sich untereinander. Je nach Grad dieser Vernetzung können hierbei enorme intermolekulare Kräfte erzielt werden, die Substanzen entwickeln eine hohe Kohäsion. Allerdings sind der Vernetzung Grenzen gesetzt, denn mit Zunahme der Querverbindungen nimmt die Viskosität des Fluids ab und damit seine Möglichkeit, sich ideal über die Oberfläche des zu verklebenden Festkörpers auszubreiten und die Mikrorauigkeiten zu »glätten«.

Daraus lassen sich die Anforderungskombinationen an einen Klebstoff ableiten: Er muss beim Auftragen möglichst flüssig sein, um eine möglichst (optimal) große Adhäsion zu erzielen. Weiterhin muss er dann möglichst fest bzw. hart werden, um eine hohe Kohäsion zu entwickeln. Der Übergang von der flüssigen in die feste Phase, das Abbinden oder Aushärten, erfolgt entweder physikalisch oder chemisch.

Dabei stellen physikalisch abbindende Klebstoffe die größte Gruppe der Kleber dar. Das Prinzip beruht darauf, dass langkettige Polymere eine hohe Kohäsion erzeugen. Diese Polymere entstehen aber erst im Moment des Auftragens. Die Haftkraft korreliert dabei mit dem Grad der Polymerisation, also der Anzahl der einzelnen Bausteine pro Molekül. Während natürliche Kleber als Einzelbausteine aus unterschiedlichen Drüsen entlassen werden, besteht bei technischen Klebern durchaus das Problem, die Bausteine vor dem Klebvorgang zu separieren. Am gebräuchlichsten ist dabei die Verwendung von Lösungsmitteln. In diesen liegen die klebenden Substanzen gelöst vor. Erst mit der Verdunstung des Lösungsmittels erfolgt die Polymerisation. Viele der hierbei verwendeten organischen Lösungsmittel sind dabei jedoch gesundheitsgefährdend, weshalb so genannte lösungsmittelfreie Klebstoffe bevorzugt Verwendung finden. Allerdings ist die Bezeichnung nicht ganz korrekt, denn auch hier wird ein Lösungsmittel verwendet: Wasser. Daneben existieren eine ganze Reihe unterschiedlichster chemisch aushärtender Klebstoffe. Hierzu zählen alle Sekunden- und Zweikomponentenkleber. Letztere finden auch bei biologischen Organismen weiten Einsatz, wie etwa bei den beschriebenen Seepockenklebern.

Ungeachtet der physikalischen oder chemischen Abbindevorgänge, die in natürlichen Klebesystemen auch kombiniert Anwendung finden können, lässt sich für viele biologische Klebstoffe eine deutliche Beziehung zwischen den Haftkräften und den jeweiligen Anteilen an unterschiedlichen Substanzen aufzeigen. Je höher der Anteil an langkettigen Kohlenhydraten, desto höher ist die Kohäsion des Klebers nach dem Aushärten. Allerdings dienen vergleichsweise kleine Proteine hierbei meist als Vernetzer, als Kontaktmoleküle zwischen den Kohlenhydratketten.

Neben diesen klebstoffbasierten Haftungen existieren auch klebstofffreie Systeme. Deren Adhäsionen beruhen z.B. auf Van-der-Waals-Kräften, die zwischen zwei Festkörperoberflächen auftreten. Dabei handelt es sich um rein physikalische Kräfte, es werden keine chemischen Bindungen eingegangen. Vielmehr wirken hier die Anziehungskräfte zwischen Molekülen ungleichmäßiger Ladungsverteilungen innerhalb der Elektronenhüllen. Da die Reichweite dieser Kräfte äußerst gering ist, müssen die beiden zu verbindenden Oberflächen über eine möglichst große Fläche nahezu unendlich nah aneinander herangeführt werden können. Wie beschrieben ist das unter Verwendung von Flüssigkeiten durchaus möglich. Soll jedoch auf diese verzichtet werden, muss zumindest eine der beiden Oberflächen der Festkörper sehr elastisch und verformbar sein. Dadurch kann gewährleistet werden, dass eine hinreichende Annäherung möglich ist. Dennoch muss auch hierbei eine hinreichende Kohäsion vorhanden sein.

Dass diese Merkmalskombinationen möglich sind und durchaus hohe Haftkräfte realisiert werden können, zeigen einige biologische Organismen auf. Nicht umsonst sind die unterschiedlichsten biologischen Haft- und Klebemechanismen in jüngster Zeit in den Fokus des Interesses gerückt. Tatsächlich lassen sich in der belebten Natur neben Verklammerungen und Verhakungen auf niedrigstem Skalierungsniveau auch Feucht- und Trocken-Haftungssysteme als völlig unterschiedliche Haftstrategien differenzieren. Für beide Strategien ist nachgewiesen dass sie innerhalb der Phylogenese der Lebewesen mehrfach unabhängig voneinander in unterschiedlichen Tiergruppen evoluiert wurden.

Während die Feuchthaftungsmechanismen z.B. bei Fliegen und Fröschen ein Adhäsionssekret einsetzen, kann bei der Trockenhaftung auf Letzteres verzichtet werden. Die klebstofffreien Haftsysteme, wie sie z.B. von Spinnen und Geckos eingesetzt werden, agieren über Van-der-Waals-Kräfte. Damit sind sie unabhängig von den chemischen Eigenschaften der Haftfläche sowie des Substrats. Dieses System kann rückstandsfrei und reversibel eingesetzt werden und generiert erstaunlich hohe Haftkräfte. Damit eröffnet sich hier ein enormes Verwendungsspektrum.

Nicht zuletzt die Reversibilität dieser Haftsysteme macht sie besonders attraktiv. Viele, auch die klebstoffbasierten, können wieder gelöst werden und zwar ohne zumindest eines der verklebten Bauteile zerstören zu müssen. Auch technische Klebstoff-Entwicklungen streben diese Möglichkeit an. Im Bereich des „bond-on-command" bzw. »debond-on-command« wird an entsprechenden Eigenschaften gearbeitet, allerdings bis dato noch nicht mit befriedigenden Erfolgen.

Die Grenzschicht

Bedingt durch die molekularen Anziehungskräfte haftet ein Fluid (eine Flüssigkeit oder ein Gas) an der Oberfläche eines umströmten Körpers an. Dadurch wird die Strömungsgeschwindigkeit in der Kontaktzone zwischen den Molekülen des Objektes und denen des umgebenden Mediums auf Null reduziert, man spricht von der so genannten Haftbedingung (no-slip condition). Mit zunehmender Entfernung von der Oberfläche nimmt die Geschwindigkeit des Fluids zu, bis der Geschwindigkeitswert der freien Umströmung erreicht ist. Die Fluidschicht zwischen der kontaktierten Oberfläche und dem Erreichen von 99 % der freien Umgebungsgeschwindigkeit wird als Grenzschicht bezeichnet. Ihre Dicke ist abhängig von der Art des Fluids, aber auch insbesondere von der Strömungsgeschwindigkeit. Je schneller ein Medium um einen Körper strömt oder sich dieser durch das Medium bewegt, desto dünner ist die Grenzschicht. Bei Hochgeschwindigkeitsfliegern oder -schwimmern beträgt sie lediglich Bruchteile von Millimetern. Während die freie Außenströmung als reibungsfrei gilt oder doch zumindest hinsichtlich der Reibung keinen Einfluss auf das umströmte Objekt hat, wird die Grenzschicht dagegen als reibungsbehaftet interpretiert. Hier wirken sich die viskosen Eigenschaften des Fluids aus und induzieren den Reibungswiderstand.

Für den Fall einer längs angeströmten flachen Platte lässt sich die Ausbildung der Grenzschicht wie folgt skizzieren: Die Strömung verläuft zunächst in guter Näherung wandparallel. Dieser Strömungszustand wird als laminar bezeichnet. Da es bedingt durch die Reibungsverluste im Grenzschichtbereich zu einer Abnahme der Strömungsgeschwindigkeit kommt, wächst die über die Längsachse der Platte ausgebildete Grenzschichtdicke stromabwärts an. Das führt zu einer Zunahme des Widerstandes und damit der Reibungsverluste.

Da laminare Grenzschichten nur bedingt stabil sind, kommt es mit zunehmender Laufstrecke über das Objekt zum Umschlag in den so genannten turbulenten Strömungszustand. Daraus resultiert ebenfalls eine Aufdickung der Grenzschicht und damit eine weitere Zunahme des Reibungswiderstands stromabwärts vom Umschlagpunkt. Durch geeignete Oberflächenstrukturierungen lassen sich die Effekte der turbulenten Grenzschicht reduzieren. Besonders gut untersucht sind die Auswirkungen von Mikrorauigkeiten an der Haihaut, die als Vorbild für die so genannte Riblet-Folie diente.

Die Haut der Haie ist mit zähnchenartigen Strukturen besetzt, die wiederum an der Oberfläche riefenartig strukturiert sind. Haut wie Folie weisen demnach feine Rillen auf, die sich längs über den Körper des Tieres bzw. das jeweils beklebte Objekt ziehen. Dadurch entstehen in Strömungsrichtung rinnenartige Strukturen, die die Grenzschicht quasi kanalisieren. Die Fluidbewegungen innerhalb dieser Schicht sind in Längsrichtung ungehindert möglich, quer zur Fortbewegungsrichtung werden sie jedoch unterbunden oder zumindest stark reduziert. Neben dem Aufdickungsphänomen tragen diese Lateralkomponenten entscheidend zum Reibungsverlust an umströmten Oberflächen bei. Die Mikrorillen reduzieren diese Verluste merklich und lassen sich, unter Berücksichtigung der relevanten Ähnlichkeitsgesetze, hier der Reynolds-Zahl, in beliebigen Fluiden widerstandsreduzierend einsetzen.

Zur Reynolds-Zahl: Sowohl innerhalb der experimentellen als auch numerischen Modellbildung zur fluiddynamischen Analyse sind die physikalischen Ähnlichkeitsgesetze zu beachten. Dazu werden dimensionslose Kennzahlen verwendet. Sind deren Beträge konstant, lassen sich Strömungen und Objekte unterschiedlicher geometrischer und physikalischer Größen als mechanisch ähnlich behandeln. Daraus resultiert die Grundlage der Modelltechnik: Skalierte Modelle eines Objektes lassen sich in ihren fluiddynamischen Eigenschaften mit dem Original vergleichen, wenn die entsprechenden physikalischen Parameter des strömenden Mediums analog bzw. proportional skalieren.

Für Strömungsanalysen, innerhalb derer die Parameter Dichte, Geschwindigkeit und Viskosität des Mediums sowie die Objektdimension relevant sind, ist die Reynolds-Zahl (Re) die adäquate dimensionslose Kennzahl. Sie setzt die Einflüsse der Trägheit und der Reibung innerhalb des strömenden Mediums zueinander in Beziehung: Re = Trägheitskraft / Reibungskraft. Die dimensionslose Re-Zahl lässt sich auch als Objektlänge (L) multipliziert mit der Strömungsgeschwindigkeit (v) dividiert durch die kinematische Zähigkeit (z) des Mediums darstellen.

Während für Reynolds-Zahlen kleiner eins die Reibungskraft dominiert und die Trägheitskraft vernachlässigt werden kann, spielt bei Re-Zahlen über eins die Reibungskraft eine untergeordnete Rolle. Hier dominieren die Trägheitskräfte innerhalb des strömenden Mediums, während sich der Reibungseinfluss auf die Grenzschicht beschränkt.

Die am Beispiel der flachen Platte dargestellten Beziehungen setzen konstante Druckverhältnisse über die gesamte Körperlänge voraus, was sich nur durch geometrisch konstante Körper, wie eben besagte flache Platte erzielen lässt. Für die im Grundriss dargestellten Laminarspindeln, technische wie biologische, ergeben sich gänzlich andere Strömungsbedingungen. Bedingt durch die Geometrie erfolgt stromabwärts über weite Strecken ein deutlicher Druckabfall (vgl. Abb. S. 55), der sich begünstigend auf die laminare Grenzschicht auswirkt: Die Grenzschicht wird stabilisiert und es erfolgt kein Umschlag von laminar zu turbulent. Dadurch wird die Grenzschichtaufdickung verhindert, die Reibungsverluste bleiben minimal. Aus diesem Phänomen erklären sich die fluiddynamisch günstigen Eigenschaften der Spindelform. Hohe Lokomotionsgeschwindigkeiten insbesondere im zähen Medium Wasser machen energieminimierende Konstruktionen unabdingbar. Die durch das Spindeldesign generierten Druckverhältnisse bzw. die davon abhängigen Grenzschichtphänomene können daher durchaus als Energiesparmaßnahmen interpretiert werden.

Allerdings erweist sich die Spindelform hinsichtlich der so genannten Abrissphänomene, also beim Ablösen der Grenzschicht vom umströmten Objekt, als zunächst weniger günstig. Das Ablösen (Abreißen) der Grenzschicht vom umströmten Objekt ist eines der wesentlichen fluiddynamischen Phänomene und insbesondere in der Aerodynamik von nicht geringer Auswirkung, denn mit dem Kontaktverlust endet die Auftriebsentwicklung an einem Objekt. Das bedeutet für das fliegende Objekt, dass es ihm unter Umständen nicht mehr gelingt, hinreichend Auftrieb zur Überwindung der Schwerkraft zu erzeugen: Der Flieger, der technische wie der biologische, stürzt ab. Es besteht also ein vitales Interesse, diese Strömungs- bzw. Grenzschichtablösung zu verhindern.

Wie für die flache Platte bereits beschrieben, erfolgt mit zunehmender Laufstrecke stromabwärts ein Umschlag von laminar zu turbulent und weiter stromabwärts eine Ablösung der Grenzschicht von der Profilwand. Handelt es sich bei dieser »flachen Platte« um einen Flügel, so wird hinter diesem Punkt kein Auftrieb mehr generiert. Noch kritischer werden die Bedingungen, wenn durch eine Veränderung des Anstellwinkels des Flügels der Abrisspunkt weiter nach vorne wandert. Mit anderen Worten, der Abriss erfolgt früher. Bei Querschnittsformen, die weniger einer flachen Platte und mehr einem Laminar- oder Tragflügelprofil entsprechen, spielt die Geometrie eine zusätzliche Rolle. Hier tritt der Strömungsabriss an der dicksten Stelle des Flügels auf.

Da sich eine turbulente Grenzschicht im Gegensatz zur laminaren hinsichtlich dieses Ablösephänomens deutlich robuster verhält, sie hat ein größeres Beharrungsvermögen, wird nach Möglichkeit frühzeitig auf dem Körper ein Grenzschichtumschlag von laminar zu turbulent provoziert – trotz des damit korrelierten höheren Reibungswiderstands. Hierzu werden eine Reihe unterschiedlicher Strukturen appliziert, die als »Vortex-Generatoren« bezeichnet werden. Diese Vortex-Generatoren lassen sich als Turbulenzgeber auffassen und finden sich sowohl bei technischen Tragflächen als auch bei biologischen Flugorganen in mannigfaltiger Ausbildung. Die Analysen schneller Schwimmer zeigen zudem, dass diese Turbulenzgeber offensichtlich nicht nur in der Luft, sondern auch unter Wasser von Bedeutung sind. Auch hier finden sich die unterschiedlichsten Strukturen zur Turbulenzerzeugung. Alle haben die gleiche Funktion, sie dienen der Unterdrückung oder zumindest Verzögerung des Fluidabrisses von der Oberfläche.

Der Auftrieb

Auf alle sich bewegenden Körper wirkt entgegengesetzt zur Fortbewegungsrichtung der Widerstand bzw. die Widerstandskraft, die es zu überwinden gilt. Dort, wo dies nicht gelingt, ist keine aktive Fortbewegung möglich. Senkrecht zu dieser Widerstandskraft wirkt die Quer- bzw. Auftriebskraft an einem umströmten Körper. Dieser Auftrieb wird als dynamischer Auftrieb bezeichnet, im Gegensatz zum archimedischen Auftrieb, den ein Körper immer dann erzeugt, wenn seine Dichte geringer ist als die des ihn umgebenden Mediums.

Dynamischer Auftrieb wird nur während der Bewegung erzeugt, entsprechend ist er auch entscheidend von der Strömungsgeschwindigkeit abhängig. Allerdings vermag ein Fluid, das einen Körper par-

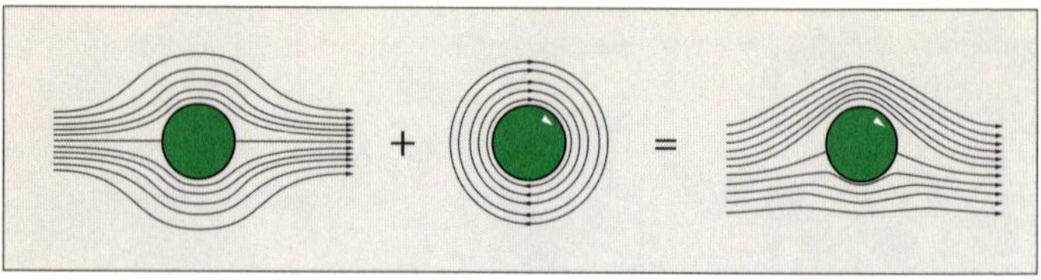

Schematisierte Darstellung des Magnus-Effekts. Während ein ruhender Zylinder in laminarer Umströmung lediglich eine Kraft parallel zur Strömungsrichtung erfährt (Translation), wird durch eine zusätzliche Rotation des Zylinders (Zirkulation) eine Seitkraft (Querkraft) induziert.

allel umströmt (Translation), an diesem zunächst lediglich Widerstand, nicht jedoch Auftrieb zu induzieren. Erst durch eine zusätzlich aufgeprägte Zirkulation erfährt der Körper eine senkrecht zur Anströmrichtung wirkende Komponente.

Die Notwendigkeit der Ausbildung einer Zirkulation um einen Körper zur Erzeugung von Auftrieb wurde erstmals von Magnus aufgezeigt. Er demonstrierte diesen nach ihm bezeichneten Effekt in seinem klassischen Experiment an einem rotierenden Zylinder. Der ruhende Zylinder induziert in einer Parallelanströmung lediglich Widerstand, es wird keine senkrecht dazu orientierte Kraft ausgebildet. Rotiert der Zylinder dagegen um seine Achse, so rotiert das Strömungsmedium infolge der Wandreibung mit. Diese mitgeschleppte Umströmung wird als Zirkulationsströmung bezeichnet.

Rotiert nun der Zylinder in einem parallel anströmenden Fluid, erfährt die induzierte Zirkulation eine asymmetrische Beeinflussung. Durch die Rotationsbewegung in Strömungsrichtung erfährt die Strömung eine Beschleunigung, was mit einer Druckabnahme und damit einem Sog korreliert ist. Dagegen wird die Geschwindigkeit durch eine Rotation entgegen der Strömungsrichtung reduziert, der Druck nimmt zu.

Sowohl in Richtung des Druckabfalls (Saugseite) als auch in Richtung der Druckzunahme (Druckseite) kommt es dabei zur Ausbildung senkrecht wirkender, sich addierender Kraftkomponenten. Demnach ist die Asymmetrie in der Geschwindigkeits- bzw. Druckverteilung um den umströmten Körper für das Zustandekommen der senkrecht zur Strömungsrichtung wirkenden Kraft verantwortlich.

Dieses Phänomen wirkt sich nun analog an Flügeln und Tragflächen aus. Hier werden die Druckunterschiede durch die Asymmetrie der Querschnitts- bzw. Profilgeometrie bewirkt. Durch das Einstellen eines Anstellwinkels zur Strömungsrichtung wird der Effekt verstärkt. Bei positiven Anstellwinkeln wird an der Profiloberseite ein Unterdruck (Saugseite) und an der Unterseite (Druckseite) ein Überdruck etabliert. Saug- und Druckkraft ermöglichen es dem Organismus oder der technischen Konstruktion, die Schwerkraft zu überwinden. Bei negativen Anstellwinkeln dreht sich die Druckverteilung um, es wird Abtrieb generiert.

GLOSSAR

Adhäsion – gibt die Kraft an, die zwischen den Oberflächen verschiedener Körper wirkt. Da der Adhäsion zwischenmolekulare Kräfte (Wasserbrücken, van-der-Waals etc.) zugrunde liegen, sollte der Abstand zwischen beiden Körpern möglichst gering sein. *s. S. 105 ff.*

Aktuator – bilden das Stellglied in einem Regelkreis und setzen Signale in eine Bewegung um (z. B. Öffnen eines Ventils). *s. S. 62*

Aminosäure – Carbonsäure mit einer oder mehreren Aminogruppen. Bisher sind in der Natur über 260 unterschiedliche AS bekannt, von denen allerdings nur 20 in Proteinen vorkommen. *s. S. 6, 11*

Antagonist – (Gegenspieler), Substanzen, Gewebe oder Organe, die gegen eine andere Komponente wirken. Bei der Muskulatur sind Beuger und Strecker eines Gelenks Antagonisten. *s. S. 63*

Arthropoda – Gliederfüßer, mit mehreren Millionen Arten die artenreichste Tiergruppe, die alle Lebensräume besiedelt haben. Zu ihnen zählen Insekten, Spinnen- und Krebstiere. *s. S. 12*

ATP – Abk. für Adenosintriphosphat, chemische Verbindung, bestehend aus Adenin, Ribose und 3 Phosphorsäureresten. *s. S. 8, 62*

binokulares Sehen – Sehen mit zwei (lat. bi) Augen (lat. oculus), das ein räumliches Sehen ermöglicht. s. *S. 101*

Computer Aided Internal Optimization (CAIO) – Berechnungsverfahren zur Optimierung von Faserverbundwerkstoffen im Bereich von Unterbrechungen, simuliert wird der optimale Verlauf der Fasern anhand einer Wachstumsstrategie mit dem Ziel, mit möglichst wenig Material die benötigte Festigkeit zu erreichen. *s. S. 59*

Computer Aided Optimization (CAO) – Berechnungsmethode, die durch simuliertes biologisches Wachstum (Kerb-)Spannungen abbaut und durch »Schrumpfen« nicht tragende Bauteile entfernt. *s. S. 58*

Diatomeen – Kieselalgen, umfangreiche Klasse mit über 10 000 in Süß- oder Salzwasser lebenden Arten, deren Zellskelett aus Siliziumdioxid besteht. *s. S. 19*

Dipol – räumlich getrennte Pole mit unterschiedlichen Vorzeichen (+,-) wie z. B. das Erdmagnetfeld, chemisch: Körper bei dem die Schwerpunkte negativer und positiver Ladung nicht zusammenfallen, z. B. Wasser. *s. S. 13*

DNA – Abk. für (engl.) desoxyribonucleic acid (DNS = Desoxyribonukleinsäure). *s. S. 10 f.*

Erythrozyten – rote Blutkörperchen, bei Säugetieren diskusförmige Blutzellen mit Hämoglobin, für den Sauerstofftransport im Blut verantwortlich. *s. S. 8*

evolutionäre Algorithmen – Optimierungsverfahren, mit der biologischen Evolution als Vorbild. *s. S. 59 f.*

Exoskelett – im Gegensatz zum Innenskelett von Wirbeltieren besitzen viele Gliederfüßer (Arthropoda) und Einzeller eine äußere Stützhülle. Sie enthält meist Chitin und/oder Calciumcarbonat. *s. S. 37*

Feedback-Schleife – Rückkopplung in einem Regelkreis, entweder positiv oder negativ. Im Beispiel der Thermoregulation bei warmblütigen Tieren erfolgt die Rückkopplung über eine negative Feedback-Schleife, die Extremwerte verhindert. Positive Feedback-Schleifen bergen häufig die Gefahr einer Destabilisierung, wenn kein Maximalwert festgelegt ist: je mehr positive Rückkopplung erfolgt, desto mehr Input wird dem Regelkreis zugeführt. *s. S. 97*

Finite Element Methoden (FEM) – numerisches Verfahren zur näherungsweisen Berechnung von Verformungen und Spannungen komplexer Strukturen. *s. S. 58*

Fitness – Anteil, den ein Individuum zum Genbestand der Folgegeneration beiträgt, durch Fortpflanzung oder Unterstützung nächster Verwandter, der Begriff geht zurück auf Charles Darwin. *s. S. 26, 60*

Fluid – Stoff mit flüssigkeitsähnlichen Eigenschaften; darunter fallen alle Gase und Flüssigkeiten. *s. S. 26, 109*

Grenzschicht – Randschicht eines Fluids, in der die Wand bzw. Oberfläche Einfluss auf das Fluid ausübt. *s. S. 32, 109 ff.*

Grenzschichteffekte – an Körpern, die von einem Medium umströmt werden, bildet sich in unmittelbarer Nähe der Körperwand eine so genannte Grenzschicht aus, in der die Strömungsgeschwindigkeit nahezu null beträgt und erst mit zunehmendem Abstand zum Körper kontinuierlich zunimmt. Im Falle einer ebenen, umströmten Platte bildet sich unmittelbar hinter der angeströmten Vorderkante zunächst eine laminare (= parallel fließende) Strömung aus, die dann an einem Umschlagspunkt in eine turbulente (= in alle Richtungen verwirbelte) Strömung übergeht und schließlich zur vollkommenen Ablösung der Strömung vom Körper führt. *s. S. 32*

Hämolymphe – bei Tieren mit offenem Blutkreislauf (z.B. Mollusken und Anthropoden) die aus Blut und Lymphe bestehende Körperflüssigkeit. *s. S. 47*

hydrophil – (griech. Wasser liebend) Stoffe, die Wasser anziehen oder sich in Wasser gut lösen. Auf hydrophilen Oberflächen findet man häufig einen dünnen, meist nicht sichtbaren Wasserfilm. Beispiele: Metalle, Salze. *s. S. 27, 43*

hydrophob – (griech: Wasser fürchtend) Stoffe, die Wasser abstoßen, oder sich in Wasser nur schlecht oder gar nicht lösen. Auf hydrophoben Oberflächen kann meist ein Abperleffekt von Wasser beobachtet werden. Beispiele: Fette, Wachse, Öle. *s. S. 27, 43*

Ichthyosaurier – Fischsaurier; -echsen; kosmopolitische Ordnung mit über 80 fossilen Arten; von der unteren Trias bis zur oberen Kreide nachgewiesen; 1–23 m lang und dem Leben im Wasser völlig angepasst (z.B. legten sie keine Eier mehr). *s. S. 53*

isotrop – von griech. iso = gleich und tropos = Drehung, Richtung; isotrope Eigenschaften sind unabhängig von der Richtung. *s. S. 59*

Juvenilform (juvenil) – Jugendform, endet mit der Geschlechtsreife; Gegensatz zu adult. *s. S. 82*

Karmann'sche Wirbelstraße – von Theodore von Kármán 1911 nachgewiesenes Phänomen der Strömungsmechanik, bei der sich hinter umströmten Körpern gegenläufige Wirbelketten ausbilden. *s. S. 70*

Knochenspongiosa – von lat. spongia = Schwamm; schwammartig aufgebautes System aus feinen Knochenbälkchen im Inneren der Knochen; in den Hohlräumen befindet sich das Knochenmark. *s. S. 49 ff.*

Kohlenhydrate – Gruppe von organo-chemischen Verbindungen, auch als Zucker bezeichnet, die während der Photosynthese gebildet werden und einen wesentlichen Teil der Nahrung bilden, sowie zusätzlich als Speicherstoffe oder Baustoffe dienen. *s. S. 12*

kosmopolitisch – ist in einem der drei Bereiche Meer, Süßwasser oder Land weltweit verbreitet. *s. S. 120, 124*

Kutikula – von lat. cuticula = Häutchen; dünnes Häutchen, das vor Wasserverlust und -aufnahme, Infektion und Verletzung schützt und zugleich stabilisiert, liegt bei Pflanzen (auf der äußersten Oberfläche der Epidermis aufliegend) und Tieren (auf den inneren und äußeren Deckgeweben aufliegend) vor. *s. S. 37 ff., 46*

Lipid – heterogene Stoffklasse, in der Fette und fettähnliche Stoffe zusammengefasst sind. Lipide sind in Wasser unlöslich, lösen sich dagegen aber in organischen Lösungsmitteln. Sie dienen zum einen als Speicherstoff, aber auch als wichtiger Baustoff, z. B. in den Membranen. *s. S. 12, 27*

Lymphe – neben dem Blut vorhandene Körperflüssigkeit, die bei Tieren mit geschlossenem Blutkreislauf in einem gesonderten Lymphgefäßsystem fließt. *s. S. 47*

Massenträgheit – Im 1. Newtonschen Gesetz wird das Trägheitsprinzip der Masse beschrieben, dass ein Körper so lange in seinem Ruhe- oder Bewegungszustand verharrt, solange keine Netto-Kraft auf ihn einwirkt. Soll er jedoch abgebremst oder beschleunigt werden, ist eine Kraft erforderlich, deren Größe neben dem zu erreichenden Geschwindigkeitsunterschied davon abhängt, wie schwer der zu bewegende Körper ist. Die träge Masse des Körpers stellt sich der negativen oder positiven Beschleunigung entgegen. *s. S. 90*

MAV (Micro Air Vehicle) – ferngesteuertes oder autonom fliegendes Mikroflugzeug (20 cm Spannweite und kleiner). *s. S. 76, 86*

Mechanorezeptor – Sensoren, die durch Deformation gereizt werden und so mechanische Reize wie Druck, Berührung, Bewegung und Schall wahrnehmen können. *s. S. 81*

Molluska – Weichtiere; arten- und formenreicher Tierstamm mit ca. 50 000 rezenten Arten innerhalb der Vielzeller. Bevölkern fast alle Lebensräume (mit Ausnahme der von Dauereis bedeckten Hochgebirgs- und Polarzonen), Beispiele: Schnecken, Kopffüßler, Muscheln. *s. S. 20*

Mucopolysaccharide – Mehrfachzuckerverbindungen (= Polysaccharide), die insbesondere in tierischem Bindegewebe wie Knorpel, Haut und Knochen als Flüssigkeitsspeicher eine Rolle spielen. *s. S. 12f.*

Nachhalleffekt – Der Nachhall ist aus der Akustik bekannt, wo in großen Räumen nach dem Verstummen einer Schallquelle kurzzeitig noch deren Hall hörbar ist. Das Phänomen beruht auf mehrfachen Schallreflexionen. Im Bereich von Sensoren tritt es auf, entweder, wenn eine erfolgte Reizung einer sensorischen Einheit daneben noch benachbarte Einheiten in Erregung versetzt oder wenn die aktivierende physikalische Größe, z. B. thermische Strahlung, längere Zeit im Empfangsorgan verweilt. *s. S. 93*

Nodien/ Nodus – Knoten, Ansatzstellen der Blätter an der Sprossachse, massives Querschnittselement. *s. S. 49*

Ornamentation – (wörtlich: Verzierung), insbesondere die Artbestimmung von Molluska und Foraminifera (Schwämme) nutzt die charakteristischen Variationen der Ornamentation von Gehäusen und Skeletten. Strukturmerkmale wie Riefen, Rippen, Kanten dienen dazu, einzelne Spezies voneinander abzugrenzen. *s. S. 44*

ovales Fenster – Vorhoftreppe; trennt zusammen mit dem runden Fenster das Innenohr vom Mittelohr. *s. S. 88*

Peptide – Bezeichnung für Aminosäureverbindungen bis zu einer Länge von maximal 100 AS. Längere Ketten werden als Proteine bezeichnet. *s. S. 6 f.*

Perzeption – von lat. percipere = wahrnehmen; Gesamtheit der Wahrnehmung von Reizen durch Sinneszellen, bzw. das Gehirn. *s. S. 81*

Photosynthese – Photosynthese bezeichnet den Vorgang, mit dem zur Photosynthese befähigte Organismen organische Energiestoffe (ATP und Kohlenhydrate) aus anorganischen Ausgangssubstanzen unter Einsatz von Lichtenergie aufbauen. Chlorophyll, ein lichtabsorbierender Farbstoff, spielt dabei eine zentrale Rolle. *s. S. 8*

Phylogenese – Stammesgeschichtliche Entwicklung der Lebewesen im Verlauf der Erdgeschichte. Grundlage dieser Entwicklung sind die Evolutionsprozesse. Der Verlauf der Entwicklung wird anhand von Merkmalen der Einzellebewesen erforscht und dazu genutzt, systematische Einordnungen vorzunehmen. *s. S. 108*

Polymere – Chemische Verbindung aus langen Molekülketten oder stark verzweigten Molekülen, die sich durch Polymerisation miteinander verbinden. Die meisten Kunststoffe bestehen aus Polymeren (z. B. Polyethylen [PE], Polypropylen [PP]). Proteine, DNA, RNA und Kohlenhydrate (z. B. Chitin, Zellulose) zählt man zu den Biopolymeren. *s. S. 6 f., 106 f.*

Radiolarien – Strahlen- oder Gittertierchen. Meereseinzeller mit kunstvollen kieselsäurehaltigen Gehäusen. Radiolarien finden sich in großen Mengen als Versteinerungen in Kalkgesteinen. *s. S. 19*

Referenzsignal – Vergleichssystem, bzw. -wert, dient als Bezugssystem. *s. S. 84*

Reibungswiderstand – Physikalischer Widerstand, der überwunden werden muss, um eine Relativbewegung zweier sich berührender Körper mit konstanter Geschwindigkeit aufrechtzuerhalten. *s. S. 30, 35*

Retina – Netzhaut, lichtempfindliche Schicht an der hinteren Augeninnenseite bei Wirbeltieren und einigen Cephalopoden, an der auftreffende Lichtstrahlen in Nervensignale umgewandelt werden. *s. S. 101*

Retroreflexion – Rückstrahlung, bei der das Licht, unabhängig von Richtung und Auftrittswinkel größtenteils zur Lichtquelle zurückgestrahlt wird. Das angestrahlte Material erscheint in der Nähe der Lichtquelle besonders hell und ist abseits der Lichtquelle dunkel; Beispiel Katzenauge und Warnwesten. *s. S. 9*

Rezeptor – Organe, Zellen oder Moleküle, die an der Wahrnehmung externer und interner Reize und deren Umsetzung beteiligt sind; Beispiel: Rezeptormoleküle der Zellmembran oder die Photorezeptoren im Auge. *s. S. 27ff.*

Sarkomer – funktionelle Grundeinheit des Muskels. *s. S. 62*

Selbstreinigungseffekte – durch biologische oder abiotische Faktoren stattfindende Säuberung von z.B. Abwässern oder Oberflächen (z.B. Lotuseffekt). *s. S. 30 f.*

Self Assembling – engl. wörtlich »sich von alleine anordnend«. Der Begriff wird oft im Zusammenhang mit so genannten dicht gepackten einschichtigen Molekülllagen (self assembling monolayers, SAM) gebraucht. Sie sind für viele Anwendungen aus dem Bereich der Nano- und Biotechnologie (u.a. DNA-Computer) von Interesse. *s. S. 7*

Silikat – Grundbaustein ist ein einzelnes Siliziumatom, das tetraedisch von vier Sauerstoffatomen umgeben wird (Strukturformel: SiO4). Hauptbestandteil der Erdkruste (ca. 90%) und Grundstoff beim Skelettbildungsprozess der Kieselalgen (Diatomeen) und Strahlentierchen (Radiolarien). *s. S. 19 f.*

Soft Kill Option (SKO) – Berechnungsmethode zum Entfernen nicht tragender Bereiche zur Erstellung eines voroptimierten Leichtbaudesignvorschlages. *s. S. 58*

Sonar – von sound navigation and ranging = Schallnavigation und Ortung; Technik zur Lokalisation von Objekten mittels Schall. *s. S. 27 ff.*

terrestrisch – zum Festland gehörig, ausschließlich auf dem Land lebende Organismen werden als terrestrisch bezeichnet. *s. S. 52*

Toxin – Als Toxin bezeichnet man einen Stoff, der Lebewesen über ihre Stoffwechselvorgänge Schaden zufügen kann. Insbesondere von anderen Lebewesen ausgeschiedene Schadstoffe oder Abfallprodukte werden als Toxine bezeichnet. *s. S. 29, 97*

Tracheen – zool.: Atmungssystem bei Arthropoda, besteht aus röhrenförmigen Einstülpungen, die ein Röhrensystem bilden; bot.: wasserleitender Bestandteil des verholzten Teils der Leitbündel. *s. S. 47*

Transduktion – von lat. trans ducere = hindurchführen; Weiterleitung eines Signals durch intrazelluläre Signaltransduktion sowie seine Umwandlung in eine Erregung. *s. S. 100*

Ultraschall – Schall mit Frequenzen zwischen 20 kHz und 1000 MHz, oberhalb der menschlichen Hörgrenze; mit verschiedenen Anwendungsgebieten von Ortung (Sonar) und Informationsübertragungen (Sonographie) bis zum Auflösen und Reinigen. *s. S. 87 ff.*

umami – von jap. umai = fleischig und herzhaft, wohlschmeckend; Geschmacksrichtung, die besonders proteinreiche Nahrung anzeigt, Trägerstoff ist die Glutaminsäure. *s. S. 96 f.*

Undulation – schlängelde Körperbewegung. *s. S. 69*

Van-der-Waals-Kraft – Anziehungskraft zwischen Molekülen, die durch ungleichmäßige (asymmetrische) Ladungsverteilungen innerhalb deren Elektronenhülle entsteht. Van-der-Waals-Kräfte haben nur eine sehr geringe Reichweite und sind deutlich schwächer als Atom- oder Ionenbindungen. *s. S. 105 ff.*

Vibrissen – Sinus- oder Schnurrhaare; besonders lange Haare, die als Mechanorezeptoren dienen, treten vor allem im Mund- und Augenbereich nachtaktiver Säugetiere auf. *s. S. 81*

Winglets – am Ende der Tragflächen einiger Flugzeugmodelle nach oben oder oben und unten weisende Verlängerungen der Flügel, dienen der Wirbelreduzierung und damit der Senkung des Treibstoffverbrauchs, Vorbild waren die langen Schwungfedern der Vögel. *s. S. 56*

Zilien – Flimmerhärchen, Wimpern; härchenartige Plasmafortsätze ähnlich den Flagellen, die der Fortbewegung (z. B. bei Einzellern) oder dem Transport von Flüssigkeiten, Schleim und Nahrungspartikeln dienen (z. B. Lunge oder bei Muscheln). Sie finden sich ebenso in den rezeptiven Einheiten vieler Sensoren, sind dort aber nur passiv beweglich. *s. S. 82*

Literaturhinweise

ALLGEMEINE DARSTELLUNGEN

Ahlborn, B. K.: Zoological Physics: Quantitative Models of Body Design, Actions, and Physical Limitations of Animal. Springer Verlag 2004, Berlin, Heidelberg.

Alexander, R. McN.: Principles of animal locomotion. Princeton University Press 2003, New Jersey.

Alexander, R. McN.: Locomotion of animals. Blackie & Son Ltd. 1982, Glasgow.

Ball, P.: Made to measure: new materials for the 21st century. Princeton University Press 1997, New Jersey.

Barth, F. G.: Sinne und Verhalten: Aus dem Leben einer Spinne. Springer Verlag 2001, Berlin, Heidelberg.

Biewener, A. A.: Animal Locomotion. Oxford University Press 2003, Oxford.

Hughes, H. C.: Sensory exotica: a world beyond human experience. The MIT Press 1999, Cambridge, Massachusetts.

Mattheck, C.: Design in der Natur: Der Baum als Lehrmeister. Rombach GmbH & Co Verlagshaus KG 1992, Freiburg im Breisgau.

Mattheck, C., Kubler, H.: Wood – The Internal Optimization of Trees. Springer Verlag 1995, Berlin, Heidelberg.

Nachtigall, W.: Bionik: Grundlagen und Beispiele für Ingenieure und Naturwissenschaftler. 2. Auflage, Springer Verlag 2002, Berlin, Heidelberg.

Niklas, K. J.: Plant biomechanics: an engineering approach to plant form and function. The University of Chicago Press.

Rechenberg, I.: Evolutionsstrategie '94. frommann-holzboog 1994, Stuttgart.

Scheiba, B.: Schwimmen, Laufen, Fliegen. Urania-Verlag Leipzig / Jena / Berlin, Verlag für populärwissenschaftliche Literatur, 1990 Leipzig.

Smith, C. U. M.: Biology of sensory systems. John Wiley & Sons Ltd. 2000, West Sussex.

Videler, J. J.: Fisch Swimming. Chapman & Hall 1993, London.

Vincent, J.: Structural Biomaterials (revised edition). Princeton University Press 1990, New Jersey.

Vogel, S.: Cats' paws and catapults: Mechanical worlds of nature and people. Norton & Company 1998, New York.

SPEZIELLE FRAGEN

Bohn, H., Federle, W.: Insect aquaplaning: Nepenthes pitcher plants capture prey with the peristome, a fully wettable water-lubricated anisotropic surface. PNAS, (2004) Vol. 101, No. 39, 14138–14143

Dickinson, M. H. et al.: How Abimals Move: An Integrative View. Science (2000) Vol. 288, 100–106

Farooqi, S., et al.: Water capture by a desert beetle. Nature (2001) Vol. 414, 33–34

Gao, H., et al.: Materials become insensitive to flaws at nanoscale: Lessons from nature. PNAS (2003) Vol. 100, No. 10, 5597–5600

Kesel, A. B., et al.: Getting a grip on spider attachment: an AFM approach to microstructure adhesion in arthropods. Institute of Physics Publishing, Smart Mater. Struct. 13 (2004) 512–518

Kesel, A. B.: The ultralight aerofoils of insects – an evolutionary masterpiece. Zoology 103 (2001) 222–229

Kesel, A. B.: Aerodynamic characteristics of dragonfly wing sections compared with technical aerofoils. J. Exp. Biol. 203 (2000) 3125–3135

Koditschek, D. E., et al.: Mechanical aspects of legged locomotion control. Arthropod Structure & Development 33 (2004) 251–272

Lehmann, F.-O.: Aerial locomotion in flies and robots: kinematic control and aerodynamics of oscillation wings. Arthropod Structure & Development 33 (2004) 331–345

Ritzmann, R. E., et al.: Convergent evolution and locomotion through complex terrain by insects, vertebrates and robots. Arthr. Struc. Dev. 33 (2004) 361–379

Sanchez, C., et al.: Biomimetism and bioinspiration as tools for the design of innovative materials and systems. Nature materials (2005) Vol. 4, 277–288

Schmitz, H. und Bleckmann, H.: The photomechanic infrared receptor for the detection of forest fires in the beetle Melanophila acuminate (Coleoptera: Buprestidae). J Comp Physiol A (1998) 182, 647–657.

Sfakiotakis, M., et al.: Review of Fish Swimming Modes for Aquatic Locomotion. IEEE Journal of Oceanic Engineering (1999) Vol. 24, No. 2, 237–252

Sundar, V. C., et al.: Fibre-optical features of a glass sponge. Nature (2003) Vol. 424, 899–900

Vincent, J. F. V., Wegst, U. G. K.: Design and mechanical properties of insect cuticle. Arthr. Struc. Dev. 33 (2004) 187–1999

Vollrath, F.: Strength and structure of spiders' silks. Reviews in Molecular Biotechnology 74 (2000) 67–83

Warrick, D. R., et al.: Aerodynamics of the hovering hummingbird. Nature (2005) Vol. 435, 1094–1097

Webb, B., et al.: Sensorimotor control of navigation in arthropod and artificial systems. Arthr. Struc. Dev. 33 (2004) 301–329

Wehner, R., et al.: Navigation. J. Exp. Biol. (1996) full Volume: 199(1)

Dank

Mein DANK an alle, die durch freundliche und freundschaftliche Unterstützung nicht unerheblich zum Gelingen beigetragen haben. Namentlich seien erwähnt Florian Hoffmann, Ralph Liedert, Andrew Martin, Katrin Mühlenbruch, Katrin Stukenburg, Dr. Gabriele Witter und Doris Zehren.

Abbildungsnachweise: S. 21: Sundar, V.C., et al.: Fibre-optical features of a glass sponge. Nature (2003) Vol. 424, 899–900 (Abbildung S. 899); S. 22: PD Dr. Monika Fritz, Uni Bremen; S. 50: Dr. Dietmar Berkels, Uni Saarbrücken; S. 55: Hildebrand, Goslow (2004): Vergleichende und funktionelle Antaomie der Wirbeltiere, (Abbildung S. 558); S. 69: Sfakiotakis, M., et al.: Review of Fish Swimming Modes for Aquatic Locomotion. IEEE Journal of Oceanic Engineering (1999) Vol. 24, No. 2, 237–252 (Abbildung S. 245); S 73: P.W. Webb (1984): Der Fischkörper: Form und Bewegung. Spektrum der Wissenschaft 112–122 (Abbildung S. 113); S. 77: Scheiba, B.: Schwimmen, Laufen, Fliegen. Urania-Verlag Leipzig / Jena / Berlin, Verlag für populärwissenschaftliche Literatur, 1990 Leipzig. (Abbildung 143)